新一代人工智能实践系列教材

深度学习技术基础与实践

U0150370

吕建成 主编

段磊 张卫华 桑永胜 耿天玉 编

高等教育出版社·北京

内容提要

　　本书是新一代人工智能实践系列教材之一，从基础理论、平台框架、网络模型和模型优化4个方面重点阐述深度学习技术的基础与实践。本书分为4篇8章内容，包括深度学习概述、深度学习原理、深度学习框架、MindSpore实践、卷积神经网络、序列数据建模、模型优化与强化学习实战。

　　本书可作为人工智能专业、智能科学与技术专业以及计算机类相关专业的本科生及研究生学习深度学习技术的教材，同时也适用于经济、管理等商科专业需要数据计算的学生，以及希望通过自学认证深度学习工程师的人员。

新一代人工智能系列教材编委会

人工智能是引领这一轮科技革命、产业变革和社会发展的战略性技术，具有溢出带动性很强的"头雁效应"。当前，新一代人工智能正在全球范围内蓬勃发展，促进人类社会生活、生产和消费模式的巨大变革，为经济社会发展提供新动能，推动经济社会高质量发展，加速新一轮科技革命和产业变革。

2017年7月，国务院发布了《新一代人工智能发展规划》，指出人工智能正走向新一代。新一代人工智能（AI 2.0）的概念除了继续用计算机模拟人的智能行为外，还纳入了更综合的信息系统，如互联网、大数据、云计算等去探索由人、物、信息交织的更大、更复杂的系统行为，如制造系统、城市系统、生态系统等的智能化运行和发展。这就为人工智能打开了一扇新的大门和一个新的发展空间。人工智能将从各个角度与层次，宏观、中观和微观地去发挥"头雁效应"，去渗透人们的学习、工作与生活，去改变人们的发展方式。

要发挥人工智能赋能产业、赋能社会的作用，使其真正成为推动国家和社会高质量发展的强大引擎，需要大批掌握这一技术的优秀人才。因此，中国人工智能的发展十分需要重视人工智能技术及产业的人才培养。

高校是科技第一生产力、人才第一资源、创新第一动力的结合点。因此，高校有责任把人工智能人才的培养置于核心的基础地位，把人工智能协同创新摆在重要位置。《新一代人工智能发展规划》和《高等学校人工智能创新行动计划》发布后，为切实应对经济社会对人工智能人才的需求，我国一流高校陆续成立协同创新中心、人工智能学院、人工智能研究院等机构，为人工智能高层次人才、专业人才、交叉人才及产业应用人才培养搭建平台。我们正处于一个百年未遇、大有可为的历史机遇期，要紧紧抓住新一代人工智能发展的机遇，勇立潮头、砥砺前行，通过凝练教学成果及把握科学研究前沿方向的高质量教材来"传道、授业、解惑"，提高教学质量，投身人工智能人才培养主战场，为我国构筑人工智能发展先发优势和贯彻教育强国、科技强国、创新驱动战略贡献力量。

为促进人工智能人才培养，推动人工智能重要方向教材和在线开放课程建设，国家新一代人工智能战略咨询委员会和高等教育出版社于2018年3月成立了"新一代人工智能系列教材"编委会，聘请我担任编委会主任，吴澄院士、郑南宁院士、高文院士、陈纯院士和林金安副总编辑担任编委会副主任。

根据新一代人工智能发展特点和教学要求，编委会陆续组织编写和出版有关人工智能基础理论、算法模型、技术系统、硬件芯片、伦理安全、"智能+"学科交叉和实践应用等方面内容的系列教材，形成了理论技术和应用实践两个互相协同系列。为了推动高质量教材资源的共享共用，同时发布了与教材内容相匹配的在线开放课程、研制了新一代人工智能科教平台"智海"和建设了体现人工智能学科交叉特点的"AI+X"微专业，以形成各具优势、衔接前沿、涵盖完整、交叉融合具有中国特色的人工智能一流教材体系、支撑平台和育人生态，促进教育链、人才链、产业链和创新链的有效衔接。

"AI赋能、教育先行、产学协同、创新引领"，人工智能于1956年从达特茅斯学院出发，踏上了人类发展历史舞台，今天正发挥"头雁效应"，推动人类变革大潮，"其作始也简，其将毕也必巨"。我希望"新一代人工智能教材"的出版能够为人工智能各类型人才培养做出应有贡献。

衷心的感谢编委会委员、教材作者、高等教育出版社编辑等为"新一代人工智能系列教材"出版所付出的时间和精力。

1956年，人工智能（AI）在达特茅斯学院诞生，到今天已走过半个多世纪历程，并成为引领新一轮科技革命和产业变革的重要驱动力。人工智能通过重塑生产方式、优化产业结构、提升生产效率、赋能千行百业，推动经济社会各领域向着智能化方向加速跃升，已成为数字经济发展新引擎。

在向通用人工智能发展进程中，AI能够理解时间、空间和逻辑关系，具备知识推理能力，能够从零开始无监督式学习，自动适应新任务、学习新技能，甚至是发现新知识。人工智能系统将拥有可解释、运行透明、错误可控的基础能力，为尚未预期和不确定的业务环境提供决策保障。AI结合基础科学循环创新，成为推动科学、数学进步的源动力，从而带动解决一批有挑战性的难题，反过来也促进AI实现自我演进。例如，用AI方法求解量子化学领域薛定谔方程的基态，突破传统方法在精确度和计算效率上两难全的困境，这将会对量子化学的未来产生重大影响；又如，通过AI算法加快药物分子和新材料的设计，将加速发现新药物和新型材料；再如，AI已证明超过1 200个数学定理，未来或许不再需要人脑来解决数学难题，人工智能便能写出关于数学定理严谨的论证。

华为GIV（全球ICT产业愿景）预测：到2025年，97%的大公司将采用人工智能技术，14%的家庭将拥有"机器人管家"。可以预见的是，如何构建通用的人工智能系统、如何将人工智能与科学计算交汇、如何构建可信赖的人工智能环境，将成为未来人工智能领域需重点关注和解决的问题，而解决这些问题需要大量的数据科学家、算法工程师等人工智能专业人才。

2017年，国务院发布《新一代人工智能发展规划》，提出加快培养聚集人工智能高端人才的要求；2018年，教育部印发了《高等学校人工智能创新行动计划》，将完善人工智能领域人才培养体系作为三大任务之一，并积极加大人工智能专业建设力度，截至目前已批准300多所高校开设人工智能专业。

人工智能专业人才不仅需要具备专业理论知识，而且还需要具有面向未来产业发展的实践能力、批判性思维和创新思维。我们认为"产学合作、协同育人"是人工智能人才培养的一条有效可行的途径：高校教师有扎实的专业理论基础和丰富的教学资源，而企业拥有应用场景和技术实践，产学合作将有助于构筑高质量人才培养体系，培养面向未来的人工智能人才。

在人工智能领域，华为制定了包括投资基础研究、打造全栈全场景人工智能解决方案、投资开放生态和人才培养等在内的一系列发展战略。面对高校人工智能人才培养的迫切需求，华为积极参与校企合作，通过定制人才培养方案、更新实践教学内容、共建实训教学平台、共育双师教学团队、共同科研创新等方式，助力人工智能专业建设和人才培养再上新台阶。

教材是知识传播的主要载体、教学的根本依据。华为愿意在"新一代人工智能系列教材"编委会的指导下，提供先进的实验环境和丰富的行业应用案例，支持优秀教师编写新一代人工智能实践系列教材，将具有自主知识产权的技术资源融入教材，为高校人工智能专业教学改革和课程体系建设发挥积极的促进作用。在此，对编委会认真细致的审稿把关，对各位教材作者的辛勤撰写以及高等教育出版社的大力支持表示衷心的感谢！

智能世界离不开人工智能，人工智能产业深入发展离不开人才培养。让我们聚力人才培养新局面、推动"智变"更上层楼，让人工智能这一"头雁"的羽翼更加丰满，不断为经济发展添动力、为产业繁荣增活力！

华为董事、战略研究院院长

前言 人工智能时代的到来，迫切需要高校建立人工智能技术课程体系，为社会培养具有人工智能专业素养的高级人才，满足社会对人工智能专业人才日益旺盛的需求。

深度学习具有强大的逼近能力，可以获得几乎任意精度的数据表示。深度学习技术在图像识别、语音分析、自然语言处理、多媒体检索等领域已经获得最好效果。深度学习技术成为了人工智能领域目前最成功的方法之一。

本书为四川大学与华为公司合作建设，定位为深度学习入门教材。本书系统梳理、总结深度学习基础知识与相关网络模型，介绍深度学习的基本原理与主要应用场景，帮助读者形成对深度学习知识体系及其培养深度学习技术基本的实践能力，为读者在人工智能领域"深耕细作"奠定基础、指明方向。

本书围绕"构建知识体系，阐明基本原理，引导初级实践，了解应用场景"的指导思想，对深度学习知识体系进行系统梳理，做到"有序组织、去粗存精、由浅入深、渐次展开"。本书共计8章内容，第1章介绍深度学习的基本概念；第2章介绍深度学习基础；目前流行的深度学习框架将在第3章逐一介绍；第4章介绍华为公司开发的Mindspore深度学习框架；第5、6、7、8章分别介绍深度学习模型、指导编程实践。

参与本书编写的人员有四川大学吕建成、段磊、张卫华、桑永胜、耿天玉，以及在读博士生陈艳、张译丹、贾碧珏、王坚、杨可心、刘东博等。此外编写过程得到华为公司以及高等教育出版社的大力帮助和支持。在此向以上参与撰写工作的所有人员表示衷心感谢。

本书在撰写过程中，参考了大量国内外教材、专著、论文和资料，对深度学习知识进行了系统梳理，有选择地把一些重要知识纳入本书。本书也是编者在人工智能领域从事教学、科研工作的总结。由于编者能力有限，本书难免存在不足之处，恳请读者批评指正！

编 者

2022年2月

目录

网络模型篇

模型优化篇

基础理论篇

第1章 深度学习概述

1.1 深度学习基本概念

2016年，谷歌旗下DeepMind公司开发的AlphaGo首次在围棋赛事上战胜人类职业棋手，一时间风头无两。一夜之间，似乎所有人都开始讨论人工智能。那么，究竟什么是人工智能？它与机器学习和深度学习又有什么关系呢？

1.1.1 深度学习与机器学习

深度神经网络学习算法是一种使用多个"层"从输入数据中逐步提取数据表达的学习算法，也被称为深度学习（Deep Learning），它和浅层学习（Shallow Learning）是相对应的。深度学习的术语由里娜·德克特（Rina Dechter）在1986年提出[1]，用于在约束满足问题求解中回溯到最深变量（Deepest Variable）。2006年深度学习开始用于深度神经网络模型[2]。

随后，深度学习在语音识别、图像识别等领域得到快速发展。目前，深度学习成为了人工智能领域最成功、最有效的方法之一。为了对深度学习有全面的认识，我们需要从人工智能和机器学习说起。深度学习与机器学习之间的关系如图1.1所示。

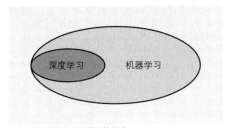

图1.1 深度学习与机器学习的关系

计算机科学将人工智能的研究领域定义为对"智能代理"的研究，该智能代理感知环境并采取行动，以求最大限度地提高成功实现目标的机会[3]。同时，人工智能也经常被用来描述模仿人类或者其他动物大脑认知功能的机器[4]。而机器学习是人工智能的一个子集，也是实现人工智能的一种方式。**机器学习**研究的是通过经验自动改进的计算机算法[5]，通俗来说，即探究计算机如何在没有明确编程的情况下解决任务，这也是机器学习和传统算法的最大区别所在。机器学习的改进过程依赖与任务有关的采样数据，研究者们一般称之为"训练数据"。深度学习是机器学习的一个子领域，它的特点是使用多个计算"层"组成深度神经网络。深度学习的改进过程也需要"训练数据",而且由于其网络的庞大,通常需要的数据量也特别大。近年来,深度学习得到了长足的发展并给人们的生活带来了巨大的改变,1.3节将详细讨论深度学习的常见应用。

机器学习与统计学有着千丝万缕的联系。贝叶斯定理、最小二乘理论和马尔可夫链随机过程等为机器学习奠定了基础。早期的机器学习理论聚焦于赋予机器逻辑推理功能,然而彼时的机器还远称不上智能。1950年,艾伦·麦席森·图灵(Alan Mathison Turing)提出的"学习机"被认为是机器学习的先驱[6],他提出的图灵测试直到今天仍然是一些人工智能任务的目标。图灵测试采用提问—回答模式,提问者通过控制打字机向人和机器两个测试对象不断提出各种问题来辨别回答者是人还是机器,如图1.2所示。随后,决策树、支持向量机、人工神经网络和贝叶斯网络等机器学习算法与模型相继得到发展,其中,人工神经网络表现出了顽强的生命力。

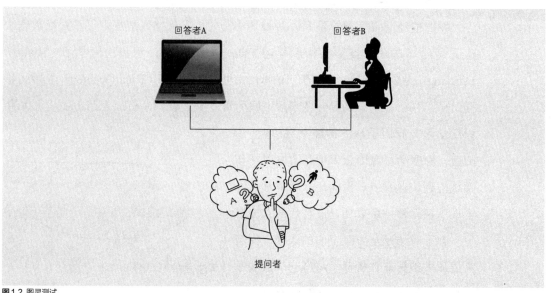

图1.2 图灵测试

人工神经网络通常也被简称为神经网络,它与生物神经网络的结构如图1.3所示。人工神经网络对生物大脑神经元进行了松散的模拟,其模型如图1.4所示。人工神经网络中的边充当了神经元间信号传递的介质,在不同层的神经元之间建立连接。最早关于人工神经网络的研究将生物神经元进行了抽象与简化并形成了一个简单的模拟神经元,那时的人工神经网络和机器学习并无关系。直到拥有两层神经元的感知机网络被用于机器学习的分类任务,人们才发现人工神经网络在机器学习领域的巨大潜力。人工神经网络通过处理实例来进行学习,这里的实例就是前文提到的训练数据。每个实例都有对应的输入与输出，人工神经网络在这两者之间形成关联，并将这种关联存储在自身的网络结构中。简单地说，人工神经网络其实就是一个从输入数据到输出数据的映射，这种映射由中间层的结构和权重决定。得益于算力的增强和数据的增长，更多的中间层和更复杂的网络结构在使用中成为可能，这就形成了今天常说的深度神经网络。

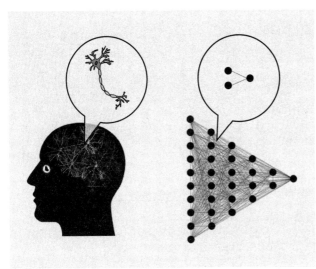

图1.3 生物神经网络（左）与人工神经网络（右）

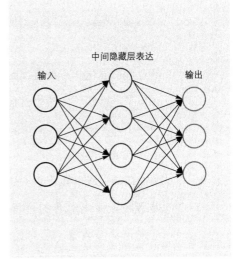

图1.4 简单的人工神经网络

现在的深度神经网络结构繁多。无论面对文字数据、音频数据、还是图像数据，深度神经网络在很多任务中的表现都已经超过人类专家。相信学习完本书后，读者会对深度学习有更深刻的认识。

1.1.2 深度学习分类

根据传统的机器学习分类方法，深度学习算法通常可以分为三类：监督学习、无监督学习和深度强化学习，这三类算法各有不同的特点。

监督学习是指，根据训练数据的"输入—输出对"，深度学习模型通过学习来逼近输入映射到输出的函数[7]，即利用一组实例组成的带标记的训练数据，训练一个深度模型。在监督学习的训练数据中，输入和期望输出是成对的，这个期望输出也被称为标签和监督信号，通常由人工标注得到。一个好的监督学习深度学习模型可以从已知的训练数据中训练出一个深度学习模型，并使用这个模型预测未出现在训练数据中的新输入的对应输出。人们常说的分类算法就属于监督学习。

无监督学习在没有对应输出作为标签的数据中训练深度学习模型。与通常使用大量人工标注数据的监督学习相反，无监督学习通常根据某种规则来学习输入数据，让深度学习模型去逼近目标，例如概率密度[8]等。因为缺少期望的输出作为监督信号，无监督学习通常用于寻找数据中的共性与特征。常见的聚类算法就属于无监督学习。

深度强化学习关注的是代理（Agent）如何在一个环境中采取行动以最大化累积奖励（Reward），其学习流程如图1.5所示。代理通过观察环境，对接下来的动作进行选择。当代理做出动作后，会获得一个奖励，并可能会对环境产生影响。代理通过最大化累积奖励的方式，不断更新自己的动作策略，最终得到能够根据环境做出最优动作的策略。这就是强化学习的过程。强化学习没有准确的监督信号对模型进行纠正，整个过程是一个探索与利用的平衡的过程。更多的探索有利于找到更优的动作策略，但是会增加资源的消耗。深度强化学习是把深度学习模型用于强化学习的过程，极大提高了强化学习效率。著名的围棋机器人AlphaGo就是通过深度强化学习实现的。

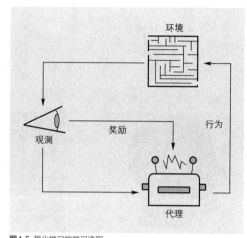

图1.5 强化学习的学习流程

随着深度学习的发展，越来越多的神经网络结构和训练方法被提出，很多深度学习算法不能再被简单地归纳为机器学习三类算法之一。在这里，将继续介绍几类比较典型的深度学习算法：对抗生成网络、迁移学习、元学习和联邦学习。

对抗生成网络（Generative Adversarial Networks）同时训练两个模型：一个生成器（Generator）和一个判别器（Discriminator），如图1.6所示。生成器学习并生成与真实样本类似分布的输出结果，例如学习生成一幅凡·高的画，来试图"欺骗"判别器，而判别器则需要学习鉴别输入数据是真实样本还是生成器生成的结果。生成

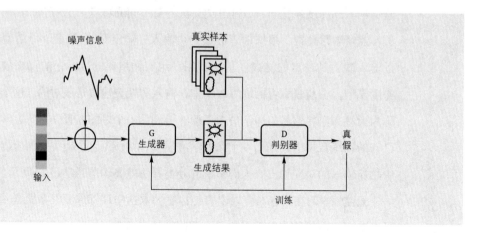

图1.6 对抗生成网络

器和判别器在学习过程中被迭代优化，两者在一种类似博弈的场景下同步提升性能。已经证明，在任意的真实样本空间下，生成器可以完全重现真实样本的空间分布，而使得很强大的判别器的输出结果随机。这时候，生成器就有能力生成以假乱真的作品，而判别器也成为了合格的鉴赏家。只不过，对于一个初学者来说，要想在实际中到达这一步，仍然充满了挑战。

迁移学习（Transfer Learning）是将在某些任务上设计好的神经网络模型应用到另一个任务的模型设计过程中的方法。在现实生活中，任务与任务之间往往存在很多的相似性。例如，对猫狗图片进行分类的任务和检测图片中动物位置的任务，都需要神经网络对图片中的动物有一定的识别能力；判断一句话是否积极向上的任务和生成故事结局的任务都需要神经网络对文字的共现关系进行建模。在这样的情况下，在某些任务上设计的模型已经具备在类似任务上的部分能力，以这个模型作为起点去设计比从头开始要简单高效得多。如今，迁移学习的应用十分广泛，近年来非常火热的自然语言处理预训练模型就是最好的例子。

元学习（Meta Learning）是指深度学习模型通过学习具有"学会学习"的能力，在小样本的条件下，利用已有学习的经验，快速学习来完成新的任务。在多个任务中经常会有多种多样的元数据，如问题属性、算法属性和数据模式等，通过对多个任务不同元数据的学习，深度学习模型学会了更改和组合不同的学习算法以适应不同任务。传统的深度学习关注当下的任务，利用数据集最小化输出与标注数据的偏差，来获得在当前任务下表现最佳的神经网络。元学习不只是为了完成训练时所给予的任务，而希望模型能够在未来的其他领域或者任务上具有足够的潜能，在这一点上，元学习和预训练模型有异曲同工之妙。典型的元学习算法有MAML（Model-Agnostic Meta-Learning）和Reptile。

联邦学习（Federated Learning）是为了解决数据孤岛问题而提出的。在现实生活中，由于隐私或者安全等问题，很多不同机构或者部门的数据都如同一个个孤岛，无法对数据进行合并和共享。联邦学习则提出一个虚拟的共享模型，在不同机构或者部门间通过加密交互中间结果和参数的方式来达到利用不同高质量数据的目的，如图1.7所示。这避免了数据共享和传输可能引发的隐私、安全等一系列问题，同时又保证了数据利用上的完整性。

深度学习的算法远远不止这么多，在不同维度对深度学习算法进行分类，得到的结果也不尽相同。而且，这些分类并非是严格互斥的。例如，迁移学习可能同时用到了监督学习和无监督学习，联邦学习和对抗生成网络可以结合到一起。随着深度学习不断的发展，越来越多的算法将被提出，很难将某些复杂算法归类到单一分类中去。

同样地，在解决问题时，灵活地选择和组合算法可能会得到意想不到的结果。

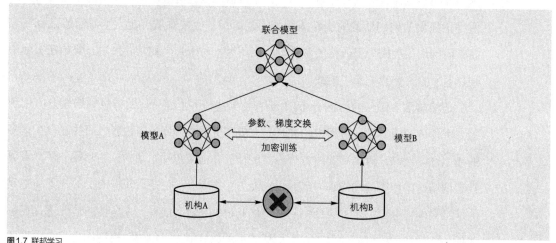

图1.7 联邦学习

1.2 深度学习的发展历史

1.2.1 机器学习的发展史

由于深度学习是一种特定类型的机器学习，要了解深度学习的发展就必须从机器学习的发展历史讲起，机器学习发展的几个阶段如图1.8所示。

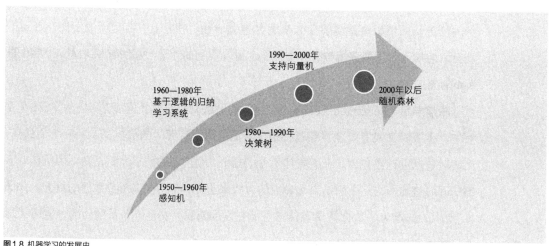

图1.8 机器学习的发展史

早在1950年，图灵在其关于图灵测试的文章中就曾提到了机器学习。1952年，IBM公司的Arthur Samuel（机器学习之父）设计了一款可以进行自学习的西洋跳棋程序（如图1.9所示）。它能通过对大量棋局的分析不断更新模型，以提高自己的棋艺水平；它通过观察当前位置，并学习一个隐含的模型，从而更好地为后续动作进行指导。Samuel和这个程序进行多场对弈后发现，随着时间的推移该程序的棋艺变得越来越好，并很快就下赢了自己。Samuel跳棋程序影响到整个计算机科学的发展。早期在计算机科学界存在的普遍认知是计算机不可能完成事先没有显式编程好的任务，而Samuel跳棋程序推翻了这一固有认知。1956年，达特茅斯会议的召开，标志着人工智能的诞生，Samuel在该会议上介绍他的这项工作。会议正式确定了"人工智能"这一名称。1959年，Samuel提出了"机器学习"这个词和"不需要确定性编程就可以赋予机器某项技能"这种说法。

图1.9 Arthur Samuel和他的西洋跳棋程序

20世纪50年代中后期，机器学习的研究进入浅层学习阶段。在这一阶段，基于神经网络的连接主义（Connectionism）学派开始出现。在介绍这一学派前，不得不提的是1949年Donald Hebb提出的赫布理论（Hebbian theory）[9]。赫布理论是一个神经科学理论，解释了在学习的过程中大脑神经元所发生的变化。该理论成为神经网络的生物学理论基础。1958年，具备神经科学背景的Frank Rosenblatt提出了著名的感知机（Perceptron）模型，这是第一个真正意义上的神经网络[10-11]。当时感知机的可用性比赫布模型要高。Rosenblatt认为："感知机可以在较简单的结构中表现出智能系统的基本属性，也就是说研究人员不需要再拘泥于具体生物神经网络特殊及未知的复杂结构中"。1960年，Widrow发明了自适应线性单元（Adaptive Linear Element，简称Adaline）[12]。他提出了差量学习规则。该规则与感知机结合在一起可以创建出更精准的线性分类器。浅层学习阶段出现的模型一般称之为浅层模型，现在一般将浅层模型代指像多层感知机这种仅含一个隐藏层或少量隐藏层的神经网络。在随后的十年，浅层神经网络风靡一时，但此后却经历了几次大起大落。关于神经网络发展史将在1.2.2小节进行详细介绍。

20世纪60—70年代，基于逻辑表示的符号主义（Symbolisum）学习开始蓬勃发展，代表性工作有 Patrick Winston 的"结构学习系统"[13]、Ryszard Michalski 等人的"基于逻辑的归纳学习系统"[14-17]、Earl Hunt 等人的"概念学习系统"等[18-19]；强化学习技术及其以决策理论为基础的学习技术也得到发展，代表性工作有 N.J.Nilson 的"学习机器"等[20]；这个时期取得的一些成果也为后来的统计学习理论奠定了基础。

机器学习真正作为一门独立的学科要从 20 世纪 80 年代开始算起。1980 年召开第一届机器学习的学术会议，诞生了机器学习的学术期刊，即在美国卡耐基·梅隆大学举行的第一届机器学习研讨会（IWML）和发表的《策略分析与信息系统》机器学习专辑。

同样是在 20 世纪 80 年代，符号主义学派又出现了另一个代表性学习方法——决策树（Decision Tree，DT）。决策树是一种基于规则的方法，它由一系列嵌套的规则组成一棵树，并完成判断和决策。与之前基于人工规则的方法不同，这里的规则是通过训练得到的，而不是人工总结出来的。1986 年，John Quinlan 提出了著名的 ID3 算法[21]。此后至 1990 年，决策树的另外两个典型代表——CART[22] 和 C4.5[23] 也相继出现。决策树由于简单易用且可解释性强，到今天仍是最常用的机器学习技术之一。

20 世纪 90 年代是机器学习百花齐放的年代。1995 年诞生了两种经典的算法——支持向量机（Support Vector Machine，SVM）[24] 和 AdaBoost[25]，它们迅速成为机器学习的主流技术并蓬勃发展了数十年。SVM 是核方法（Kernel Methods）的代表，通过将输入向量映射到高维空间中，使得原本非线性的问题变得容易处理。AdaBoost 是集成学习算法的代表，通过将一些简单的弱分类器集成起来使用，获得更高的分类精度。此后在 2001 年，集成学习的研究又兴起了另一个代表性技术——随机森林（Random Forest，RF）[26-27]。随机森林可以避免过拟合现象的出现，这是 AdaBoost 无法做到的。随机森林虽然简单，但在很多问题上效果很好，因此现在还在被大量使用。值得一提的是，1997 年 IBM 深蓝（Deep Blue）计算机以 2 胜 1 负 3 平战胜当时世界排名第一的国际象棋大师卡斯帕罗夫（Garry Kasparo），如图 1.10 所示，IBM 深蓝计算机主要使用的是 $\alpha-\beta$ 剪枝搜索算法。

同样在 20 世纪，还有两个重要的机器学习学派，一个是贝叶斯（Bayesians）学派，另一个是进化（Evolutionary）学派。贝叶斯学派使用概率规则及其依赖关系进行推理，概率图模型（Probabilistic Graphical Model）是通用方法。进化学派研究基于的是生物进化的机制，代表性工作有 1965 年 Ingo Rechenberg 提出的进化策略[28]、1975 年 John Holland 提出的遗传算法[29-30] 和 1992 年 John Koza 提出的基因计算[31]。

图1.10 深蓝战胜国际象棋大师卡斯帕罗夫

21世纪初，机器学习的研究开始进入了深度学习阶段。起源性工作是2006年Geoffrey Hinton提出的深度信念网络[32]，随后深度学习迅猛发展并占据机器学习研究的主流，直至今日。深度学习发展史将在1.2.3小节进行详细阐述。

1.2.2 神经网络的发展史

前面提到机器学习在20世纪50年代出现了连接主义学派，这一学派的主流技术就是神经网络。神经网络的发展经历了两次低谷，这两次低谷将神经网络的发展分为了3个不同的阶段，如图1.11所示。

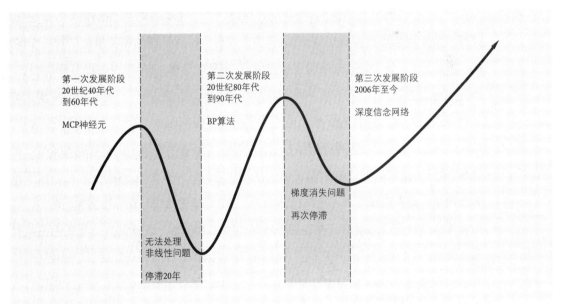

图1.11 神经网络的3个发展阶段

神经网络的第一次发展阶段是在20世纪40年代到60年代。最早的神经网络的思想起源于1943年的MCP神经元（McCulloch-Pitts Neuron），它是由神经科学家

Warren McCilloch和数学家Walter Pitts在《数学生物物理学公告》上发表的论文
"神经活动中内在思想的逻辑演算"（A Logical Calculus of the Ideas Immanent in
Nervous Activity）[32]中提出的，也称为人工神经元模型。MCP其实是按照生物神
经元的结构和工作原理构造出来的一个抽象和简化了的模型，由此开启了人工神经网
络的大门。1958年，计算机科学家Frank Rosenblatt提出了两层神经元组成的神经网
络，称为感知机（Perceptron）[10]。感知机是第一次将MCP用于机器学习中的分类
任务的算法。感知机模型对输入的多维数据进行二分类，且能够使用梯度下降法从训
练样本中自动学习更新权值。1962年，该方法被证明为能够收敛，理论与实践的良
好效果引发神经网络的第一次发展浪潮。但是在1969年，美国数学家及人工智能先
驱Marvin Minsky在其著作中证明了感知机本质上是一种线性模型，只能处理线性分
类问题，就连异或问题（XOR）这一最简单的非线性问题都无法解决[33]。感知机无
法处理非线性问题，使神经网络研究陷入了近20年的停滞。

　　神经网络的第二次发展阶段是在20世纪80到90年代。推动第二次神经网络发
展的重要事件是反向传播（Back Propagation，BP）算法的发明。尽管1970年时，
Seppo Linnainmaa[34]首次完整地叙述了反向模式自动微积分算法（BP的雏形），但
在当时并没有引起重视。1974年，Paul Werbos在其博士论文[35]中首次将BP算法
应用于神经网络，接着Werbos[36]于1981年提出将BP算法应用于神经网络以建立
多层感知机（Multi-Layer Perceptron，MLP）。之后在1985到1986两年间，多位
神经网络学者也相继提出了使用BP算法来训练多层感知器的相关想法[37-39]。1989
年，Robert Hecht-Nielsen证明了MLP的万能逼近定理，即对于任何闭区间内的一
个连续函数f，都可以用含有一个隐藏层的BP网络来逼近[40]。该定理的发现奠定
了神经网络的可行性基础，极大地鼓舞了研究神经网络的学者们。同样在1989年，
Yann LeCun发明了卷积神经网络LeNet，并将其用于手写数字识别且取得了较好的
效果[41]，不过当时并没有引起足够的注意。值得强调的是在1989年以后，由于没
有特别突出的方法被提出。尤其在1991年，BP算法被指出存在梯度消失问题[42-43]，
因此无法进行有效的学习，神经网络研究开始进入寒冬。在1995年，支持向量机模
型被提出，支持向量机表现出优异的性能，并得到迅速发展。在此期间，神经网络研
究已进入寒冬。1997年，LSTM模型[44]被发明，尽管该模型在序列建模上的特性非
常突出，也没有引起足够的注意。

　　神经网络的第三次发展阶段是从2006年至今。2006年，Geoffrey Hinton和他的
学生Ruslan Salakhutdinov在顶尖学术刊物《科学》上发表的一篇文章[45]详细地给
出了深层网络训练中梯度消失问题的解决方案，即通过无监督预训练对权值进行初始

化，再使用有监督的反向传播算法进行微调。该方法的提出立即在学术圈引起了巨大的反响。同年Geoffrey Hinton提出的深度信念网络[2]更是直接掀起了深度学习的研究热潮。

1.2.3 深度学习的发展史

在2006年，梯度消失问题得到基本解决，神经网络研究开启了第三次发展浪潮，"深度学习"这一术语开始用于深度神经网络模型。与早期的浅层模型不同，这个时期的网络更强调模型结构的深度，通常有数十层或上百层的隐藏层，这也是"深度学习"这个术语产生的原因。深度学习的发展历史可划分为两个阶段，如图1.12所示。

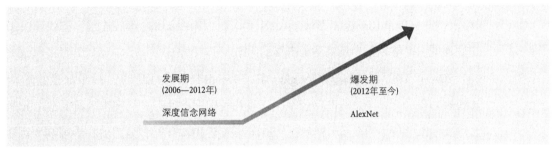

图1.12 深度学习的发展史

第一个阶段是深度学习的发展期（2006—2012年）。2006年，Geoffrey Hinton发表名为深度信念网络的神经网络可以使用一种称为贪婪逐层预训练的策略来有效地训练[31]。其他CIFAR附属研究小组很快表明，同样的策略可以被用来训练许多其他类型的深度网络[46-47]，并能系统地帮助提高在测试样例上的泛化能力。2011年以来，微软首次将深度学习应用在语音识别上，取得了重大突破。微软研究院和谷歌（Google）的语音识别研究人员先后采用深度神经网络（Deep Neural Network，DNN）技术降低语音识别错误率20%~30%，是语音识别领域十多年来取得的最大的突破性进展。

第二个阶段是深度学习的爆发期（2012年至今）。2012年，Hinton课题组首次参加ImageNet图像识别比赛，其构建的卷积神经网络AlexNet[48]一举夺得冠军。这次比赛使众多研究者注意到了卷积神经网络。同年，由斯坦福大学著名的吴恩达教授和世界顶尖计算机专家Jeff Dean共同主导的深度神经网络技术在图像识别领域取得了惊人的成绩，在ImageNet评测中成功地把错误率从26%降低到了15%。2013年—2016年，通过ImageNet图像识别比赛，深度学习的网络结构、训练方法和GPU硬件不断进步，在其他领域深度学习也在不断地征服战场。随着数据处理能力的不断提升，2014年，Facebook基于深度学习技术的DeepFace项目，在人脸识别方面的准确率已经能达到97%，跟人类识别的准确率几乎没有差别[49]。2015年，Hinton、LeCun、Bengio论证了局部极值问题对于深度学习的影响，结果是损失的局部极值问题对于深层网络来说影响可以忽略[50]。该结果消除了神经网络易陷入局部极小问题的影响。一方面，深层网络虽然局部极值非常多，但是通过批梯度下降（Batch Gradient Descent）优化方法很难陷入局部极小；另一方面，其局部极小值点与全局极小值点非常接近，就算陷入，影响也不大。然而，浅层网络拥有较少的局部极小值点，很容易陷进去，且这些局部极小值点与全局极小值点相差较大。分层预训练，ReLU[51]和Batch Normalization[52]都是为了解决深度神经网络优化时的梯度消失或者爆炸问题，提高优化效率。但是随着神经网络层数的增加，优化时又出现了退化（degradation）问题。2015年，何恺明等人提出了深度残差网络（Deep Residual Net，ResNet）[53]。该网络通过跨层连接，有效解决了退化问题，能够轻松训练高达150层的网络。

2016年3月，由谷歌（Google）旗下DeepMind公司开发的基于深度学习的AlphaGo程序[54]与围棋世界冠军、职业九段棋手李世石进行围棋人机大战（如图1.13所示），以4∶1的总比分获胜；2016年末至2017年初，该程序在中国棋类网站上以"大师"（Master）为注册账号与中国、日本、韩国的数十位围棋高手进行快棋对决，连续60局无一败绩；2017年5月，在中国乌镇围棋峰会上，它与排名世界第一的世界围棋冠军柯洁对战（如图1.13所示），以3∶0的总比分获胜。围棋界公认AlphaGo的棋力已经超过人类职业围棋顶尖水平。2017年，基于强化学习算法的AlphaGo升级版AlphaGoZero[55]横空出世。其采用"从零开始""无师自通"的学习模式，以100∶0的比分轻而易举打败了之前的AlphaGo。在同一年，深度学习的相关算法在医疗、金融、艺术、无人驾驶等多个领域的应用均取得了显著的成果。此后，国内外众多知名高校和各大小企业纷纷投入巨大的人力、财力进行深度学习领域的相关研究。与传统神经网络相比，深度学习在大数据、强大算力的支持，以及深度神经网络算法突破三方面因素的共同作用下，在多个应用领域取得了巨大的成功。

图1.13 AlphaGo对战世界围棋冠军李世石、柯洁

1.3　深度学习的应用

迄今为止，深度学习在图像、文本以及音频等领域受到了广泛的关注，并取得了重要进展。本小节将从应用的角度，介绍深度学习在这3个领域中的一些典型应用场景以及相关的神经网络模型。具体地，在图像领域，介绍深度学习在人脸识别、医疗诊断以及艺术创作中的应用；在文本领域，介绍深度学习在机器翻译、自动问答以及情感分析中的应用；最后，在音频领域，介绍深度学习在语音识别、声源定位以及语音增强中的应用。

1.3.1　深度学习在图像中的应用

在图像领域中，最典型的应用就是人脸识别[56]，如图1.14所示。随着智能技术的落地应用，人脸解锁智能手机、人脸识别考勤机、人脸识别门禁系统等产品层出不穷。近年来深度学习技术飞速发展，人脸识别的性能较之传统方法有了显著的提升。经典的神经网络架构诸如LeNet[57]、GoogleLeNet[58]、ResNet[59]等结构以及它们的各种变体已成功地应用到了人脸识别领域。相关研究表明，基于深度学习的人脸识别方法在已知数据集上已经超过了人类水平[60]。在过去几年研究中，人脸识别的精度从DeepFace[61]的97.35%提升到了COCO Loss[62]的99.86%，人脸识别的精度已经达到极致。

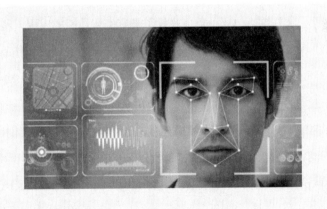

图1.14 AI人脸识别应用

在图像领域中，另一类典型应用是医疗系统中的疾病诊断，如图1.15所示。在常见的缺血性中风[63]、乳腺肿瘤[64]、脑肿瘤[65]以及青光眼[66]等疾病的诊断上，深度学习技术的诊断水平可以达到甚至超过专业医师水平。在这些疾病诊断的研究中，经典的分类与目标检测神经网络被使用。同时，一些疾病的诊断可能还需借助语义分割网络对病灶进行定量分析,如脑肿瘤检测中估计肿瘤的大小、形状及位置等信息。常见的语义分割网络有诸如FCN[67]、SeqNet[68]、U-Net[69]以及DeepLab[70]等多种架构。在这类网络中,可以实现对输入图像像素级判断,从而实现精确的病灶定位与分割。虽然语义分割网络可以实现病灶的精准定位与分割,但随之而来的是语义分割图像的繁重标注问题。繁重的标注任务可能会导致语义分割网络的应用受到限制。

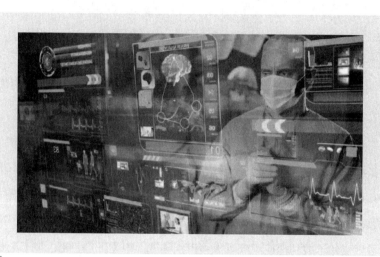

图1.15 AI智慧医疗应用

　　在图像领域中,深度学习在艺术图像创作中也有一些应用。一项研究热点是利用神经网络迁移图像风格,如Bethge等人开发了一款名为Deep Art[71]的应用,用户在创作过程中仅需上传自己的图像,选定自己喜欢的图像风格即可创作出类似风格的新作品。与之类似,Google也开发了具有类似功能的应用,名为Deep Dream[72],融合两种不同风格的图像即可创作出一种新的融合风格图像作品。Moiseenkoy等人试图将神经网络训练成专业的艺术家,他们在移动端开发了一款名为Prisma[73]的应用,通过模仿艺术家的绘画风格,用户在手机端上传图像即可创作出一幅具有艺术家创作风格的图像作品。除图像风格迁移的应用外,在艺术图像创作中,深度学习还可以根据涂鸦进行创作,如剑桥顾问公司开发的Vincet系统[74],可根据涂鸦创作出类似古典风格的艺术作品;NVIDIA AI Playground发布的GauGAN[75],能够将涂鸦快速地变为逼真场景;四川大学数据智能与计算机艺术实验室开发了抽象画交互创作系统如图1.16、图1.17所示。一些专业人士甚至已经开始借鉴这些深度学习创作的艺术作品来施展创意,创作艺术原型。

　　在图像领域中,深度学习也存在一些其他的有趣应用,如Facebook研发了一款移动应用,可通过深度学习对图像内容进行描述,这款应用致力于让盲人或者视力障碍者像正常人一样浏览照片[76]。Ayan等人[77]利用深度学习对手势进行识别来实

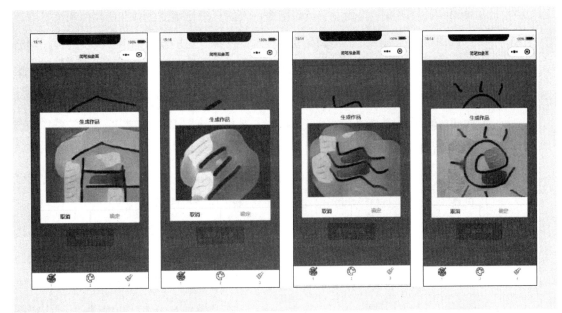

图1.16 四川大学数据智能与计算艺术实验室抽象画交互创作系统

图1.17 四川大学数据智能与计算艺术实验室AI艺术创作作品

现对没有屏幕的设备进行人机交互。Zhang等人[78]使用深度学习将黑白的图像自动转换为彩色图像。Yağmur等人[79]利用深度学习直接将草图合成真实的面部图像,等等。

1.3.2 深度学习在文本中的应用

除图像外,文本也是人们日常接触比较广泛的数据类型。近年来,深度学习在文本领域的发展十分迅速,最典型的应用就是机器翻译,它将一种语言转换为另一种语言，将语音转换为文字或者指令。人们日常使用的各种翻译软件和语音助手等产品的背后都离不开机器翻译这项技术的支撑。在机器翻译中，典型的神经网络模型为编码—解码型结构，如Seq2Seq[80]神经网络。此外，在整个文本处理领域中，Attention机制[81]的引入使得神经网络的性能进一步提升，如Google发布的Transformer模型[81]，以及在此基础上发展起来的BERT[82]、GPT[83-85]系列，这些模型不仅在机器翻译中表现出色，在其他文本任务中也展现了优秀的能力。

在文本领域中，另一个重要的应用是智能问答。常见的网络购物平台的智能客服机器人，医疗、法律咨询中的智能咨询机器人以及一些聊天机器人均可视作智能问答的相关技术产品。在智能问答任务中，深度学习根据输入的关键信息，在已有的语料库或者知识库中进行检索与匹配，将获取或者生成的答案进行反馈。与机器翻译一样，在智能问答中，一大批神经网络模型获得了优异的性能，如GA-Reader[86]、Match-LSTM[87]、Bi-DAF[88]、S-Net[89]以及QA-Net[90]等。此外，一些智能问答系统中，采用了神经网络与知识图谱相结合的技术来实现问答推理。

在文本领域中，情感分析也是常见的任务。情感分析可归为文本分类问题，它有着非常广泛的应用，如电商平台可通过顾客的评价内容分析其情感倾向来判断商品的受欢迎程度，股票投资部门可通过情感分析了解股民对于股票的乐观程度，演讲者可以通过观众的情感变换来分析他们对于演讲内容的喜爱程度等。在情感分析或者文本分类中，经典的文本分类网络诸如TextCNN[91]、TextRNN[92]以及TextRCNN[93]等模型都取得了不错的成绩。其他的模型，如Word2Vec[94]、记忆神经网络MemNN[95]，以及引入Attention机制[81]的各种神经网络，也在文本分类中表现出巨大的潜能。

同样，在文本领域中，深度学习也有一些有趣的应用。如在新闻撰写过程中，可利用深度学习生成简短的新闻简报，或生成吸引眼球的标题。在邮件处理过程中，利用深度学习自动回复邮件，对垃圾邮件进行过滤。在信息检索中，深度学习可检索与输入文本信息相关的内容，并进行排序展示。在这些应用中，涉及的任务通常可归纳为文本分类、语义建模、语音识别、文本生成及机器翻译等一个或者多个任务。这些任务也可追溯到文本处理过程中的文本表示、词法分析、句法分析、语义分析以及文档分析等一系列基础的自然语言处理任务。

1.3.3 深度学习在音频中的应用

音频是随时间变化的一维数据序列，在基于深度学习的音频问题分析中，语音识别是一种典型的应用，它在人机交互中有重要意义，如图1.18所示。目前已有一些做得不错的语音识别产品,如微信App的语音转文字、苹果Siri、百度小度、小米小爱、天猫精灵、亚马逊Alexa、Google Assistant等。在语音识别中,经典的声学模型为GMM-HMM模型[96]。随着近年深度学习的飞速发展,GMM-HMM模型逐渐被DNN-HMM模型[97]替代。DNN-HMM为传统声学模型与神经网络的结合,其中,HMM刻画动态的语音特征,DNN用于估计HMM刻画的语音特征的概率分布。现在,CNN与LSTM类型的神经网络也开始用来描述声学模型,如TDNN[98]和CLDNN[99]等模型在语音识别领域也取得了不错的进展。

图1.18 可与人流畅交流的机器人索菲亚

在音频领域中,声源定位技术在音频分析中有着非常重要的地位。如在交通系统中,可用声源定位技术进行鸣笛抓拍;在工业应用中,可用声源定位技术定位噪声设备源;在军工领域中,可用声源定位技术确定敌方位置,如声呐定位;在安防领域,安防机器人可判断异常声响并进行录像;在远程会议系统中,可用声源定位技术定位发言者位置并给出特写;在服务机器人中,可用声源定位技术确定发声者位置并调整机器人姿态进行服务交流等。在声源定位技术中,主要的设备为麦克风阵列,其主要原理类似于人可以根据双耳简单地判断发声位置。传统定位方法通过建模输出声源位置至接收麦克风阵列之间的映射关系来推断声源位置。在基于深度学习的声源定位中,这一过程可直接通过神经网络建立两者之间的映射关系。但在该项应用中,常常需根据实际应用场景来具体选择神经网络模型。

在音频领域中,另一种重要的应用就是语音增强,语音增强的作用即抑制噪声信号,增强目标语音信号。它通常是语音识别的前端模块,其增强效果的好坏可在一定程度影响后续方法的健壮性。在基于深度学习的语音增强中,除使用CNN、RNN、LSTM与GRU等基础的神经网络模型外,基于生成对抗网络GAN[100]的语音增强技术成了最近研究的热点之一,一些研究工作如Wasserstein GAN[101]、SEGAN[102]、TDCGAN[103]等在语音增强领域频获佳绩。

同样，在音频领域中，深度学习的有趣应用包括使用深度学习来进行音乐创作或者辅助音乐人创作，如 Google Brain 推出的 NSynth Super[104]，音乐创作者借此可用超过 10 万种新声音来进行创作。Open AI 发布的 MuseNet[105]，可以使用多种乐器生成不同风格的音乐。甚至已经有一些基于深度学习的音乐创作软件落地了，如 AIVA[106] 已经可以创作出非常出色的音乐作品，它被称为 AI 作曲家，它创作的音乐作品可以为电影导演、广告公司，甚至游戏工作室配乐所用。

小结

这一章首先带领读者初识了深度学习，从深度学习与机器学习的关系，以及深度学习的分类这两部分向读者介绍了基本概念。其次，本章回顾了机器学习、神经网络和深度学习的发展史，便于读者对深度学习有更进一步地了解。本章最后介绍了深度学习在图像、文本以及音频中的应用，为读者了解深度学习的用途和使用场景提供了丰富的例子。

习题

1. 什么是深度学习？
2. 人工智能、机器学习和强化学习之间有着什么联系？
3. 简述人工神经网络和生物神经网络的关系。
4. 按照传统的机器学习分类方法，深度学习可以分为哪几类？除此之外，还有哪些比较特殊的深度学习方法呢？
5. 简述深度学习的工作流程。
6. 神经网络的发展经历了哪几个阶段？每段发展浪潮的代表性方法或模型是什么？
7. 请列举一些你知道的深度学习方法和模型。
8. 深度学习有哪些常见的应用场景？在这些应用场景中可能会涉及什么类型的神经网络？
9. 假设现在有一批关于某种疾病的医疗诊断图片，请尝试给出一种基于深度学习的自动化诊断方案。
10. 假设现在要设计一个语音转换为文字的神经网络模型，请尝试给出一种解决方案。

第2章　深度学习原理

2.1　生物学启示

　　人脑是一个高度并行的、复杂的、非线性信息处理系统。人脑的基本组成部分为神经元细胞，据估计，人类大脑皮层的神经元细胞约有140亿个。一个神经元细胞由细胞体、树突和轴突构成，如图2.1所示。轴突和树突是神经元传导和接受信息的两种细胞长纤维，具有明显的形态差异。轴突表面光滑，分支较少且整体较长，而树突则具有不规则的表面和复杂的分支。神经元之间通过突触或连接[107]相互传递信息。人类大脑皮层中的140亿神经元之间存在大约60万亿个突触或连接。如此复杂的结构使得大脑具有超高效的能力，脑的能量效率为每秒每个操作约10^{-16} J，远远低于当前最优秀计算机的能效。突触（Synapse）或称为神经末梢（Nerve Ending），是调节神经元之间相互作用的最基本结构和功能单位。在成年人的大脑中，神经系统通过创建神经元新的突触连接或修改已有的突触连接，并不断学习或训练来进化自己，以适应周边环境。

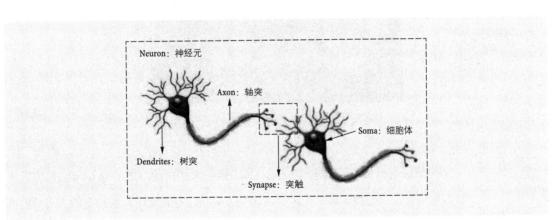

图2.1 神经元细胞的结构

　　在人脑中突触表示了最基本的结构层次，其后的层次有神经微电路、树突树以及神经元。**神经微电路**指突触集成、组织成可以产生所需的功能操作的连接模式[107]。神经微电路被组织成属于神经元个体的树突树的树突子单元。整个神经元大约为100 μm，包含几个树突子单元。局部电路（大约1 mm）处在其次的复杂性水平，由具有相似或不同性质的神经元组成，这些神经元集成完成脑局部区域的特征操作。接下来是区域间电路，由通路、柱子和局部解剖图组成，牵涉脑中不同部分的多个区域。19世纪初，德国神经解剖学家Korbinian Brodmann首次绘制了人类大脑皮层图谱，其研究[108]给出了大脑皮层的细胞结构，认为不同的感知输入（运动、触觉、视觉、听觉等）被有序地映射到大脑皮层的相应位置。Brodmann通过研究大脑皮层的细胞形态和组织结构，把细胞结构相似的区域划为相同的脑区。具体来说，绝大多数的皮层都有6层，但有些区域只有3层，比如梨状皮层、内嗅皮层等旧皮层。对于一个给定的层，它的厚度和细胞组织特点也会有变化，Brodmann就是依据这些变化划分出了52个脑区[108]。2016年7月20日，华盛顿大学医学院的研究人员在《自然》上发表了迄今为止最为精准的大脑皮层地图，该地图将左右大脑半球精细地划分为180个特定皮层区域。大多数脑区并非只具有单一功能，而是可以参与多种任务，并且多个脑区之间可以协同工作，如图2.2所示。

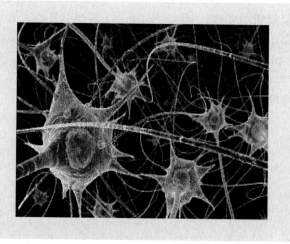

图2.2 生物神经网络

　　结构分层组织是人脑的重要特征。受大脑层级结构的启发，设计与之相似的人工神经网络是人工智能领域一个重要的研究方向。已有研究工作所构造的人工神经网络，只是部分地模拟了人脑的结构和功能，与人脑神经网络还有较大的差距。不过，随着研究的不断深入，一些人工神经网络已经可以完成需要高度抽象特征的人工智能任务，如语音识别、图像识别和检索、自然语言理解等。

2.2 深度学习的网络模型

人工神经网络（简称神经网络）是仿照生物神经网络构造的计算模型，神经元是神经网络操作的基本信息处理单位。神经元的非线性模型如图2.3所示，在此，给出神经元模型的3种基本元素。

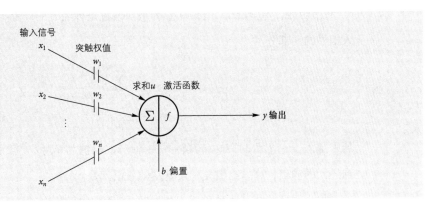

图2.3 神经元的非线性模型

（1）突触或连接链集，每一个都由其权值或者强度作为特征。具体来说，在连到神经元的第 i 个突触的输入信号 x_i 被乘以突触权值 w_i。

（2）加法器，用于求被神经元的相应突触加权的输入信号的和。这个操作构成一个线性组合器。

（3）激活函数，用来控制神经元的活动，它会对输入信号进行线性或非线性的变换，并将输出信号限制在允许范围之内。

通常，一个神经元输出的正常幅度范围可写成单位闭区间［0，1］或者另一种区间［-1，+1］。此外，神经元模型也会包括一个外部偏置（Bias），记做 b。偏置 b 的作用是根据其为正或为负，相应地增加或降低激活函数的网络输入。偏置的作用是对图2.3模型中的 u 做仿射变换（Affine Transformation），如图2.4所示。

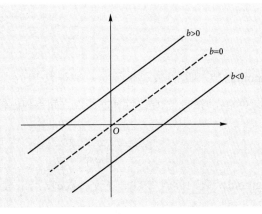

图2.4 偏置产生的仿射变换

用数学术语来表示，可以用如下方程来描述图2.3中的神经元。

$$u = \sum_{i=1}^{n} w_i x_i \tag{2.1}$$

$$y = f(u+b)$$

其中，x_i 是输入信号，w_i 是神经元的突触权值，u 是输入信号的线性组合，b 是偏置，f 是激活函数，y 是输出。值得注意的是，偏置是神经元的外部参数，可以将其视做输入信号的一部分。

$$u = \sum_{i=0}^{n} w_i x_i \tag{2.2}$$

$$y = f(u)$$

其中加入了一个新的突触，其输入为 $x_0=1$，权值为 $w_0=b$。激活函数 $f(x)$ 可以定义神经元的输出，这里给出几种最基本的激活函数。

（1）阈值函数。这种激活函数如图2.5所示，可写为

$$f(u)=\begin{cases} 1, & u \geqslant 0 \\ 0, & u < 0 \end{cases} \tag{2.3}$$

其中，$u = \sum_{i=1}^{n} w_i x_i + b$。

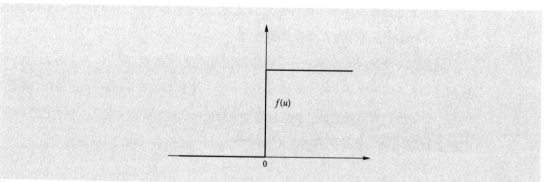

图2.5 阈值函数

（2）Sigmoid函数。此函数是S形的，是最常用的人工神经网络激活函数。Sigmoid函数是严格递增的，能在线性和非线性之间表现出较好的平衡，其定义如下。

$$f(u) = \frac{1}{1 + \exp(-au)} \tag{2.4}$$

其中，a 是Sigmoid函数的倾斜参数，修改参数 a 就可以改变函数图像的倾斜程度，如图2.6所示。值得注意的是，Sigmoid函数是可微的，而阈值函数不可微。

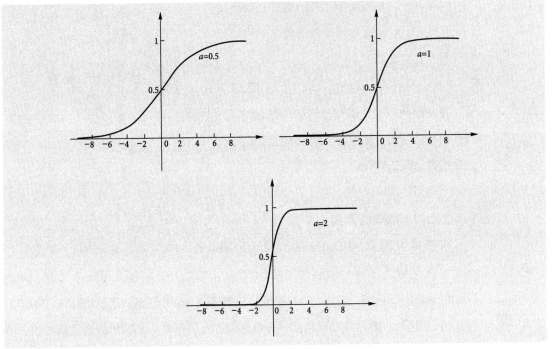

图2.6 Sigmoid函数

（3）双曲正切函数。双曲正切函数允许函数取负值，适合于某些特殊场景，其函数图像如图2.7所示，双曲正切函数定义如下。

$$\text{Tanh}(x) = \frac{\sin hx}{\cos hx} = \frac{e^x - e^{-x}}{e^x + e^{-x}} \tag{2.5}$$

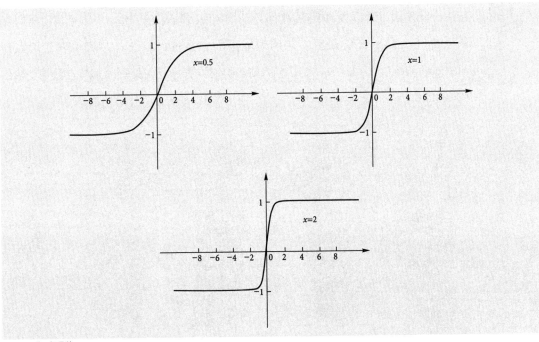

图2.7 双曲正切函数

（4）线性整流函数（Rectified Linear Unit，ReLU）。线性整流函数指数学中的斜坡函数，其定义如下。

$$f(u) = \max(0,\ u) \tag{2.6}$$

在神经网络中，ReLU定义了神经元在线性变换之后的非线性输出结果。线性整流函数图像如图2.8所示。

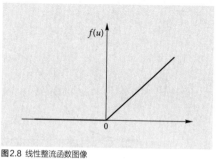

图2.8 线性整流函数图像

2.2.1 前馈神经网络

前馈神经网络（Feedforward Neural Network，FNN）是最基本的深度学习模型。前馈神经网络一般包含多个隐藏层，因此也被称为深度前馈网络（Deep Feedforward Network，DFN）或者多层感知机（Multi-Layer Perceptron，MLP）。对于输入数据x，前馈神经网络的目标是尽可能地模拟输入到输出的真实函数ϕ^*，前馈网络定义了一个映射$y = \phi(x;\theta)$，通过学习其中参数θ的值，使它能够得到最佳的函数逼近。

图2.9展示了一个简单的前馈神经网络结构。可以观察到，所有的神经元都分别归属于不同的层，层与层之间是全连接的，即相邻两层的任意节点之间存在连接关系；每一个神经元的输入是上一层各节点的输出，再通过线性变换与非线性函数激活，得到这个节点输出，以此方式向前传递下去。正是因为这种没有反馈连接的信息处理方式，所以前馈网络被称为前向（Feedforward）的。一般将第0层叫做输入层（Input Layer），最后一层叫做输出层（Output Layer），中间的叫做隐藏层（Hidden Layer）。值得注意的是，输入层不会对数据做任何处理，其节点数等于输入数据的维度。

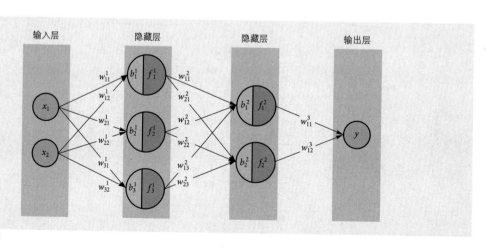

图2.9 前馈神经网络

为了更方便地描述前馈神经网络的计算过程，一些符号约定如表2.1所示。

表2.1 符号约定

L	前馈神经网络层数
$f_n^l(\cdot)$	第l层第n个神经元的激活函数
w_{nm}^l	第$l-1$层第m个神经元到第l层第n个神经元的权重
b_n^l	第l层第n个神经元的偏置
z_n^l	第l层第n个神经元的输入
a_n^l	第l层第n个的神经元输出

现在，假设$l-1$层有M个节点，l层有N个节点。那么，前馈神经网络的信息传播过程可以描述如下。

$$a_n^0 = x_n$$

$$a_n^l = f_n^l\left(\sum_{m=1}^M (w_{nm}^l a_m^{l-1} + b_n^l)\right) \tag{2.7}$$

其中，$a_n^0 = x_n$。通过这种逐层传递信息的方式，神经网络得到最后的输出a_n^L。

实际上，一般可以通过矩阵运算的方式来描述前馈网络中所有神经元的前向传播过程。令输入向量为

$$\boldsymbol{a}^{l-1} = \begin{bmatrix} a_1^{l-1} \\ a_2^{l-1} \\ \vdots \\ a_m^{l-1} \end{bmatrix} \tag{2.8}$$

第$l-1$层神经元到第l层神经元的权重矩阵为

$$\boldsymbol{W}^l = \begin{bmatrix} w_{11}^l & w_{12}^l & \cdots & w_{1m}^l \\ w_{21}^l & w_{22}^l & \cdots & w_{2m}^l \\ \vdots & \vdots & & \vdots \\ w_{n1}^l & w_{n2}^l & \cdots & w_{nm}^l \end{bmatrix} \tag{2.9}$$

偏置向量为

$$\boldsymbol{b}^l = \begin{bmatrix} b_1^l \\ b_2^l \\ \vdots \\ b_n^l \end{bmatrix} \tag{2.10}$$

则

$$a^l = f^l(W^l a^{l-1} + b^l) \qquad (2.11)$$

又，第一层的输入 $a^0 = x$，即

$$x = \begin{bmatrix} x_1 \\ x_2 \\ \vdots \\ x_k \end{bmatrix} \qquad (2.12)$$

其中，k 是输入数据的维度。所以，整个网络可以看做一个函数。

$$\phi(x;\ W,\ b) \qquad (2.13)$$
$$W = \{W_1,\ W_2,\ \cdots,\ W_l\}$$
$$b = \{b_1,\ b_2,\ \cdots,\ b_l\}$$

前馈网络的信息处理过程可以看成是权重矩阵 W 和偏置 b 对输入向量空间不断进行仿射变换。为了使神经网络具有非线性，通常会在仿射变换之后加入一个固定非线性函数（激活函数）。其中 W 和 b 是需要学习的参数。

在神经网络训练的过程中，让 $\phi(x)$ 去逼近 $\phi^*(x)$ 的值，训练数据提供了作为模型输入的样本和期望的得到结果（即标签 y）。但是，每个训练样本仅仅指明了网络输出层需要得到的结果（它必须产生一个接近 y 的值），并没有直接指明除输入层和输出层之外其他层中的每一层所需的输出。所以，这些层被称为**隐藏层**。至于如何使这些层来产生想要的输出，这将在学习算法部分介绍。

前馈神经网络是深度学习最核心的模型之一，是许多复杂模型的基础，比如用于对图像数据进行识别的卷积神经网络就是一种前馈神经网络。卷积神经网络更适用于处理高维图像数据，因为前馈神经网络处理图像数据时有3个明显的缺点：① 将高维图像数据展开成向量会丢失空间信息；② 参数过多导致效率低下且训练困难；③ 大量参数会加快网络过拟合。卷积神经网络的各层中，神经元按3维排列：宽度、高度和深度，分别对应图像的宽度、高度和RGB颜色通道。在卷积运算中神经元将只与前一层中的一小块区域连接，而不是采取全连接方式，因此大大降低了参数量。在第4章中，还会为读者进一步详细介绍卷积神经网络。

同时，前馈神经网络也是理解循环神经网络概念的基础，后者在许多自然语言处理相关的应用中发挥着巨大的作用。

2.2.2　循环神经网络

在某些情况下，可能需要寻找被多个时刻分开的多个样本之间的相关性，因为发生在时间下游的事件通常依赖于之前的一个或多个事件。在前馈神经网络中，样本之

间被认为是相互独立的，即前一时刻的输入与后一时刻的输入是完全没有关系的。这种限制虽然使得神经网络的学习变得容易，但却削弱了网络的表达能力。相比于前馈神经网络，**循环神经网络**（Recurrent Neural Network，RNN）的输入不但包含当前的输入样本，还包含网络在过去一段时间的输出信息。

为了更好地理解循环神经网络，先从一个简单的前馈神经网络开始。图2.10在前馈神经网络的描绘上做了简化，但其仍然是一个完整的前馈神经网络，有输入层、隐藏层和输出层。

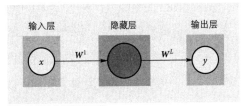

图2.10 简化的前馈神经网络

现在，将如图2.8所示的前馈神经网络逆时针旋转90°，并令权重矩阵 $W^1 = U$，以及 $W^L = V$，得到图2.11。

不同于前馈神经网络，循环神经网络每次输入具有"时刻"属性。假设现在输入的是 t 时刻的数据 $x^{(t)}$，输出则为 $o^{(t)}$。对于下一时刻的输入 $x^{(t+1)}$，希望循环神经网络能够参考过去的某些信息，所以将 t 时刻隐藏层输出（隐藏状态）$h^{(t)}$ 经过权重矩阵 W 变换过后，与 $x^{(t+1)}$ 一起决定 $t+1$ 时刻的隐藏状态 $h^{(t+1)}$。这个过程用图2.12（a）描述，更进一步，将这个图沿时间线展开，得到图2.12（b）。

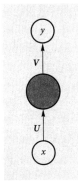

图2.11 前馈神经网络

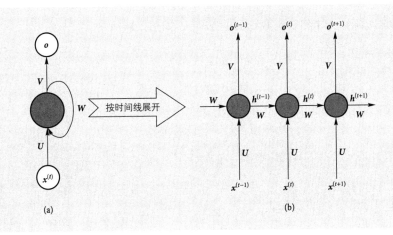

图2.12 循环神经网络

循环神经网络的信息传播过程可以描述为

$$h^{(t)} = f(Wh^{(t-1)} + Ux^{(t)} + b)$$
$$o^{(t)} = c + Vh^{(t)} \tag{2.14}$$

其中，b 和 c 为偏置向量，U、V 和 W 分别是输入到隐藏层、隐藏层到输出和隐藏层到隐藏层之间连接的权重矩阵。

可以看到，在循环神经网络中，每一时刻的隐藏状态不仅由该时刻的输入层决定，还由上一时刻的隐藏状态决定。这些在时间线上连续不断的信息被保存在循环神经网络的隐藏状态中，跨越多个时间步，一层一层地沿着时间线向前传递，影响着循环神经网络对每一个新样本的处理。注意，不同时刻的U、V和W是不变的，因此可以将循环神经网络理解为一种跨时间参数共享的方式。

前面例子中的循环神经网络，每个时刻都有输出信息且相邻时刻的隐藏层之间存在连接。除此之外，我们可以设计出各种类型的循环神经网络结构。

（1）没有输出的循环神经网络。下一时刻的隐藏状态由当前时刻输入和上一时刻的隐藏状态共同决定，如图2.13所示。

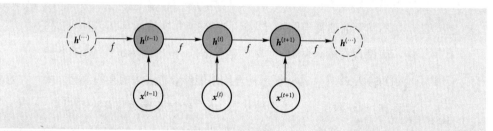

图2.13 没有输出的循环神经网络

（2）只在最后时刻有单个输出的循环神经网络。下一时刻的隐藏状态由当前时刻输入和上一时刻的隐藏状态共同决定，如图2.14所示。

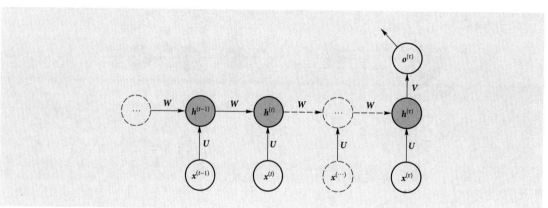

图2.14 只在最后时刻有单个输出的循环神经网络

（3）每个时刻都有输出的循环神经网络。下一时刻的隐藏状态由当前时刻输入和上一时刻输出共同决定，如图2.15所示。

循环神经网络对具有序列特性数据的建模十分有效，它能挖掘数据之间的时序信

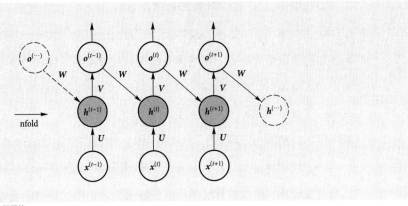

图2.15 每个时刻都有输出的循环神经网络

息以及语义信息。正是利用了循环神经网络的这种超强的表达能力，深度学习方法在解决语音识别、语言模型、机器翻译以及时序分析等自然语言处理领域的问题才有巨大突破。

2.2.3 神经网络结构设计

神经网络结构设计可采用基于人工设计的方法和基于神经网络自动搜索的方法。前面提到的前馈神经网络模型和递归神经网络模型等均属于人工设计的方法，这些神经网络的结构往往是富有经验的人类专家根据不同应用场景设计的。基于人工设计的方法对专业知识和实验经验的要求较高，而基于神经网络搜索（Neural Architecture Search，NAS）的方法是自动构建的神经网络模型结构。尽管大多数流行且成功的模型结构都是由人类专家设计的，但这并不意味着人们已经探索了整个网络结构空间并确定了最佳选择。如果采用系统而自动的方法来寻找高性能的模型结构，人们将有更大的概率找到最佳解决方案。

在NAS的研究中，经典的方法是将其表征为一个具有3个主要组成部分的系统[108]，如图2.16所示。它简洁明了并且在NAS论文中也被普遍采用。

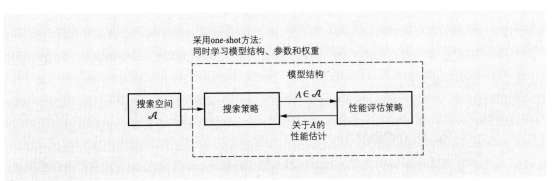

图2.16 NAS模型

具体来讲，3个部分的解释如下：

（1）搜索空间：主要为定义了一组操作（例如卷积、完全连接、池化）以及如何连接操作以形成有效的网络体系结构。搜索空间的设计通常涉及专业知识以及不可避免的人类偏见。

（2）搜索策略：对大量网络结构候选进行采样。它接收子模型性能指标作为反馈（例如高精度、低延迟），并进行优化以生成高性能的结构候选。

（3）性能评估策略：人们需要测量或预测大量由神经网络创造的子模型的性能，以获得反馈从而供搜索算法学习。候选模型评估的过程可能会非常耗时耗力，并且已经有学者提出了许多新方法来节省时间或计算资源。

进一步讲，根据应用场景的不同，NAS的研究也开始深入到各个领域的网络结构设计中。也就是说，NAS设计出的网络并不是通用型，而是通过限制搜索空间及设计不同的性能评估策略等方式使它像人类专家一样针对不同任务的特性生成相应的网络结构。比如，在计算机视觉领域，NAS被应用到医学图像分割[109]、目标检测[110]以及姿态估计[111]等任务；在自然语言处理领域，NAS在机器翻译[112]、语言建模和命名实体识别[113]、知识图嵌入的链接预测[114]等任务上均表现出了较好的效果；在语音领域中，NAS也被用于声学特征中的关键字识别[115]以及语音识别[116]等任务中。

2.3 学习目标

用神经网络对数据进行建模，最终目的是要找到最合适的参数（即权重和偏执），对输入到输出的真实映射函数进行最佳的近似。为了达到这个目的，必须为其制定一个学习目标。通常用代价函数（Cost Function）来评价模型拟合的好坏。代价函数极小，意味着模型的拟合程度最好，对应的模型参数即为最优参数。例如，对于二分类模型，存在分类的"对"与"错"。分类错误就会产生代价，因此分类模型的学习目标就是让自身出错最少。所以，必须选择一个**代价函数**，同时也必须选择**如何表示模型的输出**。

2.3.1 代价函数

首先需要说明的是，代价函数与**损失函数**（Loss Function）是两个不同的概念。损失函数是定义在单个训练样本上的，是指单个样本在模型中的预测结果与实际结果的误差。而代价函数是定义在整个训练集上的，指的是所有样本的平均误差，也就是损失函数的平均。

在第2.2.1小节中提到，整个神经网络可以看作映射$y = \phi(x; \theta)$，其中$\theta = \{W, b\}$。通常来说，任何能衡量神经网络预测值y与真实值$\hat{y}$之间差异的函数都可以称为损失函数$L(\theta)$。对于所有训练样本，将损失函数的值求平均，得到代价函数$J(\theta)$。代价函数用来衡量神经网络模型的好坏，人们希望得到最优的模型，即对于输入x，模型总能得到与$\hat{y}$一致的预测值y。所以，所谓"训练"，就是通过不断调整θ得到更小的$J(\theta)$的过程。理想情况下，当代价函数J得到最小值时，模型就得到了最优的参数θ^*，记作

$$\theta^* = \min_{\theta} J(\theta) \tag{2.15}$$

1. 均方误差

在回归任务中，通常用**均方误差**（Mean Squared Error，MSE）作为代价函数，具体形式为

$$J(\theta) = \frac{1}{2n} \sum_{i=1}^{n} (y^{(i)} - \hat{y}^{(i)})^2 = \frac{1}{2n} \sum_{i=1}^{n} (y^{(i)} - \phi_{\theta}(x^{(i)}))^2 \tag{2.16}$$

其中，n为训练样本的数量，上标(i)表示第i个样本。

2. 交叉熵

交叉熵（Cross Entropy）是神经网络最常用的代价函数。信息熵于1948年由克劳德·艾尔伍德·香农从热力学引入到信息论，因此又被称为香农熵（Shannon Entropy）。信息熵描述的是随机变量或整个系统的不确定性，熵越大，随机变量或系统的不确定性就越大。那么，交叉熵衡量的是在知道真实值$\hat{y}$时的不确定程度。交叉熵代价函数为

$$J(\theta) = -\frac{1}{n} \left[\sum_{i=1}^{n} \sum_{j=1}^{m} (y_j^{(i)} \log \phi_{\theta}(x^{(i)}) + (1 - y_j^{(i)}) \log(1 - (\phi_{\theta}(x^{(i)})))) \right] \tag{2.17}$$

其中，m为数据的类别个数，即这是一个m分类任务。

事实上，代价函数的构造是贯穿整个神经网络设计的、反复出现的主题。因为人们希望代价函数具有足够大的梯度和足够好的预测性，来更好地指引神经网络的学习。

2.3.2 输出表示

代价函数的选择，与输出表示形式的选择紧密相关。通常使用交叉熵作为代价函数，如式2.17。严格意义上，它是在计算真实值分布p_{data}和模型预测分布p_{model}之间

的交叉熵。选择如何表示输出决定了交叉熵函数的形式。

1. Sigmoid表示

许多任务需要预测二值型变量y的值，例如要预测两个类的二分类问题。此时最大似然的方法是定义y在$\boldsymbol{x}$条件下的Bernoulli分布。Bernoulli分布仅需单个参数来定义。因此，神经网络只需要预测$P(y=1|\boldsymbol{x})$即可，因为$P(y=0|\boldsymbol{x})=1-P(y=1|\boldsymbol{x})$就自然能够得到。为了使这个数是有效的概率，它必须处在[0，1]中。

从图2.9中可以看出，神经网络的输出单元一般不存在偏置和激活函数。为了满足上述约束条件，引入了Sigmoid函数

$$\sigma(z)=\frac{1}{1+e^{(-z)}} \tag{2.18}$$

其中，z表示网络输出单元的输入信息。

事实上，选择Sigmoid函数来表示输出是精心设计的。这将在优化算法部分详细展开。

2. Softmax表示

当人们想要表示一个具有n个可能取值的离散型随机变量的分布，例如模型需要预测多个类别的多分类问题，此时可以使用Softmax函数。它可以看作是Sigmoid函数的扩展，其中Sigmoid函数用来表示二值型变量的分布。

对于二值型变量的情况，人们希望计算一个单独的数y，并使其处于0到1之间来表示分布。若推广到具有m个值的离散型变量的情况，则需要创造一个向量$\boldsymbol{y}$，它的每个元素是$y_i=P(y=i|\boldsymbol{x})$。现在，不仅要求每个元素$y_i$属于0和1之间，还要使得整个向量的和为1，确保它表示的是一个有效的概率分布。所以，引入Softmax函数对输出进行归一化。

$$\text{Softmax}(z)_i=\frac{\exp(z_i)}{\sum_j \exp(z_j)} \tag{2.19}$$

式2.19中，z_i表示第i个输出单元中的输入信息，z_j同理。

2.4 学习算法

2.4.1 Hebb学习规则

Hebb学习规则是最早的神经网络学习规则之一，由Dnoald Hebb于1949年提

出，为神经网络的学习算法发展奠定了基础。此后，人们提出了各种学习规则和算法，以适应不同网络模型的需要。有效的学习算法，使得神经网络能够自动调整连接权重，构造客观世界的内在表征。Hebb学习规则启发于"条件反射"机理，已经得到了神经细胞学说的证实。

巴甫洛夫的条件反射实验：每次给狗喂食前都先响铃，时间一长，狗就会将铃声和食物联系起来。以后即使响铃但不给食物，狗也会流口水。受该实验的启发，Hebb的理论认为在同一时间被激发的神经元之间的联系会被强化。比如，在铃声响时一个神经元被激发，同时食物的出现激发了附近的另一个神经元，那么这两个神经元之间的联系就会被强化，大脑就会记住这两个事物之间存在着联系。相反，如果两个神经元总是不能同步激发，那么它们之间的联系将会越来越弱。

先介绍一个简单的神经网络——线性联想器，并结合这个例子来了解Hebb学习规则如何指导网络权重的学习。

如图2.17所示，p 与 a 表示两个神经元的输出，由式2.20决定。

$$a = W_{ij}p \tag{2.20}$$

其中 W_{ij} 表示神经元 i 与神经元 j 之间的连接权重（权值）。

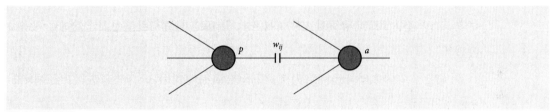

图2.17 线性联想器

下面从数学角度来阐释Hebb学习规则，让其应用于训练上述神经网络的权重。上述假说中，如果两个神经元被同时激活，它们的突触即连接强度将会增加。在神经网络中，可以将权值 W_{ij} 看作第 i 个神经元与第 j 个神经元间的突触。那么Hebb假说意味着，如果第 j 个神经元的正输入 p 能够产生一个正输出 a，那么两个神经元的连接权值 W_{ij} 将会增加，那么可以用数学公式表达为

$$W_{ij}^{\text{new}} = W_{ij}^{\text{old}} + \alpha ap \tag{2.21}$$

这里 α 为学习率，是一个正的常数。这个等式表明权值 W_{ij} 的变化与突触两侧传输函数值的乘积成正比。

式2.21定义的是一种无监督的学习规则，它并不需要目标输出的任何信息。但现实中多数场景需要有监督的学习算法，假设给定一个成对数据 $\{x, y\}$，希望线性联想器能够学习到输入输出的映射关系，此时就需要更改Hebb学习规则来适应有监督

学习。简单来说就是用目标输出代替实际输出。这样，学习算法将了解神经网络应该做什么，而不是正在做什么。于是有

$$W_{ij}^{new} = W_{ij}^{old} + xy \qquad (2.22)$$

式2.22中，y是目标输出，x是输入，为了简化起见，这里将学习率α设置为1。

2.4.2 反向传播算法

给定一个神经网络结构，接下来要做的就是确定网络结构中最优的参数值。直接求解隐藏层的最优权值是困难的，能否通过网络的输出结果和期望输出之间的误差来间接迭代调整隐藏层的权值呢？反向传播（Back Propagation）算法就是采用这样的思想。**反向传播算法**常被简称为BP算法，该算法建立在梯度下降法的基础上，主要由两个环节（激励传播、权重更新）反复循环迭代，直到神经网络对输入的响应达到预定的目标范围为止。

BP算法的学习过程由正向传播过程和反向传播过程组成。在正向传播过程中，输入信息通过输入层经隐藏层，逐层处理并传向输出层。之后采用误差函数来衡量输出层与期望输出之间的距离。在反向传播过程中，利用链式法则逐层求出误差函数对各神经元权值的偏导数，作为修改权值的依据，神经网络的学习在权值修改过程中完成。当误差达到所期望值时，神经网络学习结束。最终得到满足要求的神经网络参数值。

以2.2节中的多层神经网络为例，下面推演如何利用BP算法来进行神经网络的参数学习。首先，给定如下样本集合。

$$X = \{(\boldsymbol{x}_1,\ \boldsymbol{y}_1),\ (\boldsymbol{x}_2,\ \boldsymbol{y}_2),\ \cdots,\ (\boldsymbol{x}_n,\ \boldsymbol{y}_n)\} \qquad (2.23)$$

其中$\boldsymbol{x}_i \in R^d$为样本输入，$\boldsymbol{y}_i \in R^k$为对应的样本输出。一般使用多层前馈神经网络来拟合数据，图2.18展示了3层前馈神经网络的前向传播过程。

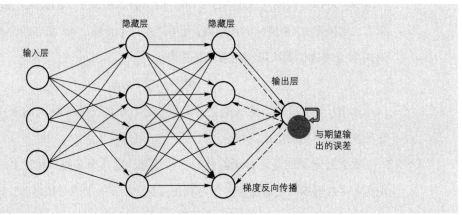

图2.18 3层前馈神经网络的前向传播过程

　　如前所述，多层网络中前一层的输出作为后一层的输入。设第 i 层的输入为 $\boldsymbol{a}^i$、权重为 $\boldsymbol{W}^i$、偏执为 $\boldsymbol{b}^i$、激活函数为 f^i、输出为 $\boldsymbol{o}^i = \boldsymbol{a}^{i+1}$，则在第 i 层的前馈计算为

$$\boldsymbol{s}^i = \boldsymbol{W}^i \boldsymbol{a}^i + \boldsymbol{b}^i$$

$$\boldsymbol{o}^i = \boldsymbol{a}^{i+1} = f^i(\boldsymbol{s}^i) \ (i = 1, \ \cdots, \ M) \tag{2.24}$$

其中 M 是网络的层数，输入层的输入为

$$\boldsymbol{a}^1 = \boldsymbol{x} \tag{2.25}$$

输出层的输出为

$$\boldsymbol{y}' = \boldsymbol{o}^M \tag{2.26}$$

1. 损失函数与梯度下降

　　用损失函数 L 来度量模型输出与样本期望输出的距离。在这里采用均方误差作为示例。

$$L(\theta) = \frac{1}{2}(\boldsymbol{y} - \boldsymbol{y}')^2 \tag{2.27}$$

其中 θ 代表网络中的参数，在本例中就是网络的权重 $\boldsymbol{W}$ 和偏置 $\boldsymbol{b}$，取 $\frac{1}{2}$ 是为了方便后面求导。

　　反向传播算法的基础就是梯度下降算法，以损失函数的负梯度方向，对网络的参数不断调整。参数的梯度下降算法为

$$w_{ij}^n(k+1) = w_{ij}^n(k) - \alpha \frac{\partial L}{\partial w_{ij}^n} \tag{2.28}$$

$$b_i^n(k+1) = b_i^n(k) - \alpha \frac{\partial L}{\partial b_i^n} \tag{2.29}$$

　　其中 α 是学习率。w_{ij}^n 表示网络第 n 层中，第 i 个输入的数值和第 j 个神经元之间的连接权重，b_i^n 表示网络第 n 层中，第 i 个神经元的偏置。$\boldsymbol{W}^n$ 就是由 w_{ij}^n 构成的权重矩阵，$\boldsymbol{b}^n$ 就是由 b_i^n 构成的偏置向量，k 表示迭代的轮数。梯度下降算法通过迭代的方式，使参数每次向着损失函数梯度的反方向前进一小步，以此来更新参数，直到最终损失函数输出收敛，得到最优参数。

2. 链式法则

　　神经网络通常是多层的，损失函数并不是网络参数的显式函数，因此导数的计算并不那么容易。事实上，误差函数是隐藏层权值的多层嵌套函数，可以使用链式法则来逐层计算权值的梯度。

　　举例回顾链式法则，如图 2.19 所示，假设有函数 $u = g(x)$，$y = f(u)$，要计算 y 关

于x的导数，根据链式法则为

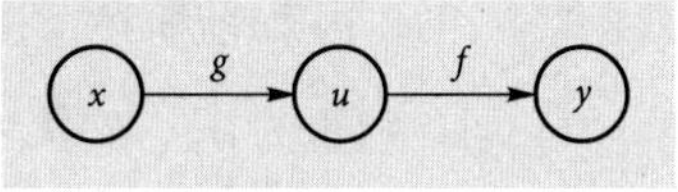

图2.19 链式法则计算图

$$\begin{aligned}\frac{\mathrm{d}y}{\mathrm{d}x}&=\frac{\mathrm{d}f(g(x))}{\mathrm{d}x}\\&=\frac{\mathrm{d}f(u)}{\mathrm{d}u}\times\frac{\mathrm{d}g(x)}{\mathrm{d}x}\\&=f'(u)\times g'(x)\end{aligned}\tag{2.30}$$

可以看到，链式法则通过计算里面函数代入外函数值的导数乘以里面函数之导数，来得到复合函数的导数。在计算图中也就是前向传播节点的梯度乘积。

这种标量的情况同样适用于向量，下面进行拓展说明。假设$\boldsymbol{x}\in R^m$，$\boldsymbol{u}\in R^n$，y是标量。g是从R^m到R^n的映射，f是从R^m到R的映射。那么

$$\frac{\partial y}{\partial x_i}=\sum_j\frac{\partial y}{\partial u_j}\frac{\partial u_j}{\partial x_i}\tag{2.31}$$

使用向量可以表示为

$$\nabla_x y=\left(\frac{\partial\boldsymbol{u}}{\partial\boldsymbol{x}}\right)^{\top}\nabla_u y\tag{2.32}$$

这里$\frac{\partial\boldsymbol{u}}{\partial\boldsymbol{x}}$是函数$g$的Jacobian矩阵，$\nabla_u y$表示$u$关于$y$的梯度，即$f'(u)$。

通过这个例子可以看到，变量x的梯度依旧可以通过计算图中的前向节点梯度乘积得到。实际上，链式法则可以应用于任意维度的张量。这点不难理解，因为任意维度的张量可以变换到向量，在计算得到向量梯度之后，可以将梯度重新排列成张量。

在掌握了链式法则后，就可以利用这个方法得到式2.28和式2.29中的梯度。为了便于理解，这里选择隐藏层权重$\boldsymbol{W}^2$作为具体的例子来进行梯度的推导。

$$\begin{aligned}\frac{\partial L}{\partial\boldsymbol{W}^2}&=\frac{\partial L}{\partial y'}\frac{\partial y'}{\partial\boldsymbol{W}^2}\\&=\frac{\partial L}{\partial y'}\frac{\partial y'}{\partial\boldsymbol{o}^2}\frac{\partial\boldsymbol{o}^2}{\partial\boldsymbol{W}^2}\end{aligned}\tag{2.33}$$

根据L的定义，见式2.27。显然有

$$\frac{\partial L}{\partial y'}=y'-y\tag{2.34}$$

根据y'的定义，见式2.24和式2.26。显然有

$$\frac{\partial y'}{\partial\boldsymbol{o}^2}=\frac{\partial\boldsymbol{o}^3}{\partial\boldsymbol{s}^3}\frac{\partial\boldsymbol{s}^3}{\partial\boldsymbol{o}^2}\tag{2.35}$$

根据o^2的定义，见式2.24。显然有

$$\frac{\partial o^2}{\partial W^2} = \frac{\partial o^2}{\partial s^2} \frac{\partial s^2}{\partial w^2}$$

$$= f'(s^2)o \tag{2.36}$$

将式2.34、式2.35和式2.36代入式2.33，得到W^2的梯度，之后就可以利用梯度下降算法进行迭代学习。其他参数与该运算流程相似。

总而言之，反向传播算法就是由链式法则求参数梯度，然后用梯度下降算法更新参数。给定一个M层的神经网络，利用反向传播算法进行第i层权重的第k次学习过程为

$$W^i(k+1) = W^i(k) - \alpha \frac{\partial L}{\partial W^i}$$

$$\frac{\partial L}{\partial W^i} = \frac{\partial L}{\partial o^M} \frac{\partial o^M}{\partial o^{M-1}} \cdots \frac{\partial o^{i+1}}{\partial o^i} \frac{\partial o^i}{\partial w^i} \tag{2.37}$$

该过程的核心就是通过链式法则求出参数梯度。从计算图上来看，在计算某一层参数梯度时，需要先计算上一层的参数梯度。这样递归下去，就是梯度从最上层反向流动到最下层，这就是反向梯度传播的名称由来。

上述的误差是在单一样本上的误差，但事实上，我们的目标是想要训练集上所有的数据点的均方误差达到最小。

$$L(\theta) = \sum_{i=1}^{m} \frac{1}{2} (y_i - y_i')^2 \tag{2.38}$$

上述的BP算法每次仅针对一个训练样例进行参数学习。如果在整个数据集上，每次随机挑选一个样本都计算误差并且更新网络参数，那么这种方式就被称为随机梯度下降算法。随机梯度下降会频繁地进行参数更新，由于不同数据的误差对参数的优化方向可能产生冲突，所以这种算法存在收敛不稳定的问题，收敛速度也会较慢。一般可以采用一种累积的方式，即在计算完多个样本后，才对累计的误差进行反向传播，能够缓和上述问题，这种方式被称为批梯度下降。值得一提的是，累计样本的数量最小是1，最大可以是整个训练集的样本。

2.4.3 时间步上的反向传播

循环神经网络的提出受到生物学上的启发，即循环反馈回路遍布大脑的突触连接。循环神经网络可以看作是一种特殊的前向神经网络，也使用反向传播算法进行优化。为了便于理解，给出循环神经网络的单个神经元的简单例子。这里，先

给出一些符号的定义：$x(t)$表示外部输入序列x的第t时刻的值，$s(t)$表示系统状态，$y(t)$表示神经元输出，$d(t)$表示该神经元的目标输出。我们可以看到循环神经网络与前馈神经网络的区别在于，其神经元有一个反馈连接w，将神经元的输出$y(t)$又输入到该神经元。此外，单个循环神经网络还有一个外部输入$x(t)$，通过将外部输入$x(t)$和神经元的反馈输出$y(t)$的加权求和，可以得到系统的状态$s(t+1)=x(t)+w(t)y(t)$，如图2.20所示。最后将系统状态应用到非线性的激活函数中，得到该神经元的输出$y(t+1)=f(s(t+1))$。

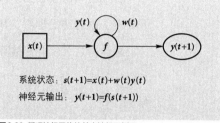

图2.20 循环神经网络的单个神经元例子

在将循环神经网络展开成一个前向神经网络之后，可以通过显式的信息流动路径来帮助说明信息在时间上向前计算输出和损失以及向后计算梯度的思想。基于展开后的循环神经网络，这里有两种基本的反向传播学习算法，即通过时间反向传播（Back-Propagation Through Time，BPTT）和实时递归学习（Real-Time Recurrent Learning，RTRL）。接下来我们将对循环神经网络的这两种学习算法进行简单的介绍。

1. 通过时间反向传播

在时间$[0, T]$上展开图2.20中循环神经网络的单个神经元，得到图2.21所示的前向神经网络。值得一提的是，在展开的过程中固定权值w，即$w(0)=w(1)=w(2)=\cdots=w(t)=\cdots=w(T-1)$。展开之后，循环神经网络的权重梯度计算就转化为前向神经网络中的权重梯度计算。前面讲了前向神经网络的反向传播算法，这里可以容易地计算出展开后的前向神经网络第t层的梯度$\nabla_w(t)$，然后把每一层的梯度求和，就可以得到整个循环神经网络的梯度。

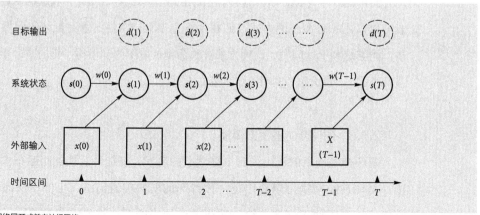

图2.21 循环神经网络展开成前向神经网络

$$\nabla_w = \sum_0^T \nabla_{w(t)} \tag{2.39}$$

假设前向运算时，每层的权值是固定的，即 $w(t)=w$。然后使用整个序列 x 的总误差作为代价函数，该序列的结束时间为 T。

$$E_{(0,\ T)}^{\mathrm{total}} = \sum_{t=0}^T E(t) \tag{2.40}$$

则该循环神经网络的梯度为

$$\nabla_w = \frac{\partial E_{(0,\ T)}^{\mathrm{total}}}{\partial w} = \sum_{t=0}^T \frac{\partial E_{(0,\ T)}^{\mathrm{total}}}{\partial w(t)} \tag{2.41}$$

然后，引入 $\partial s(t)$，将 $\dfrac{\partial E_{(0,\ T)}^{\mathrm{total}}}{\partial s(t)}$ 定义为 $\delta(t)$，并知道 $s(t)=x(t)+w(t)y(t)$，从而可以将 $\dfrac{\partial E_{(0,\ T)}^{\mathrm{total}}}{\partial w(t)}$ 写成下面的形式。

$$\frac{\partial E_{(0,\ T)}^{\mathrm{total}}}{\partial w(t)} = \frac{\partial E_{(0,\ T)}^{\mathrm{total}}}{\partial s(t)} \cdot \frac{\partial s(t)}{\partial w(t)} = \delta(t) \cdot y(t-1) \tag{2.42}$$

然后，计算最后一层的梯度，即令 $t=T$，并引入 $\partial y(t)$ 来推导 $\delta(t)$。

$$
\begin{aligned}
\delta(t) &= \frac{\partial E_{(0,\ T)}^{\mathrm{total}}}{\partial s(t)} \\[2mm]
&= \frac{\partial y(t)}{\partial s(t)} \cdot \frac{\partial E_{(0,\ T)}^{\mathrm{total}}}{\partial y(t)} \\[2mm]
&= f'(s(t)) \sum_{t=0}^T \frac{\partial E(t)}{\partial y(t)} \\[2mm]
&= f'(s(t)) \frac{\partial E(t)}{\partial y(t)} \\[2mm]
&= f'(s(t)) e(t)
\end{aligned} \tag{2.43}
$$

值得一提的是，定义网络输出与目标输出之间的误差为 $e(t)=d(t)-y(t)$，且定义整个网络在 t 时刻的误差为 $E(t)=-\dfrac{1}{2}[e(t)]^2$，因此 $\dfrac{\partial E(t)}{\partial y(t)}=e(t)$。此外，当时间 t 小于 h 时，$\dfrac{\partial E(t)}{\partial y(t)}=0$，所以 $\displaystyle\sum_{t=0}^t \frac{\partial E(t)}{\partial y(t)} = \frac{\partial E(t)}{\partial y(t)}$。

同理，可以推导出当 $0<t<T$ 时，$\delta(t)$ 的值。

$$\delta(t) = \frac{\partial E_{(0,\,T)}^{\text{total}}}{\partial s(t)}$$

$$= \frac{\partial y(t)}{\partial s(t)} \cdot \frac{\partial E_{(0,\,T)}^{\text{total}}}{\partial y(t)}$$

$$= f'(s(t))\left(\frac{\partial E_{(0,\,t-1)}^{\text{total}}}{\partial y(t)} + \frac{\partial E(t)}{\partial y(t)} + \frac{\partial E_{(t,\,T)}^{\text{total}}}{\partial y(t)}\right)$$

$$= f'(s(t))\left(0 + e(t) + \frac{\partial s(t+1)}{\partial y(t)} \cdot \frac{\partial E_{(t,\,t_1)}^{\text{total}}}{\partial s(t+1)}\right)$$

$$= f'(s(t))\left(e(t) + w \cdot \frac{\partial E_{(0,\,T)}^{\text{total}}}{\partial s(t+1)}\right)$$

$$= f'(s(t))(e(t) + w \cdot \delta(t+1)) \tag{2.44}$$

之前把 $\dfrac{\partial E_{(0,\,T)}^{\text{total}}}{\partial s(t)}$ 定义为 $\delta(t)$，同理，$\dfrac{\partial E_{(0,\,T)}^{\text{total}}}{\partial s(t+1)}$ 就可以表示为 $\delta(t+1)$。总的来说，$\delta(t)$ 的值为

$$\delta(t) = \begin{cases} f'(s(t))e(t) & (t=T) \\ f'(s(t))(e(t) + w \cdot \delta(t+1)) & (0 < t < T) \end{cases} \tag{2.45}$$

现在，可以用这个迭代方程来计算每个梯度 $\delta(t)$。与用于普通前向神经网络的反向传播算法有所不同，循环神经网络的每一层/时刻都有误差 $e(t)$。图 2.22 展示了循环神经网络梯度的反向传播过程。先计算每一层的梯度 $\delta(t)$，然后求和网络的梯度并用它来更新整个循环神经网络的权重 $W^{\text{new}} = W^{\text{old}} + \alpha \nabla_W$。

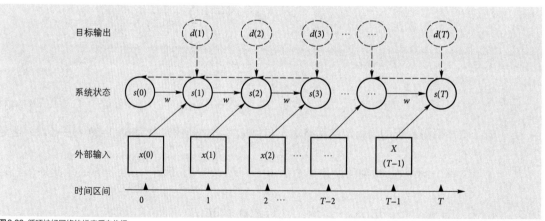

图 2.22 循环神经网络的梯度反向传播

2. 实时递归学习

除了上面的通过时间反向传播算法，还可以从另一个角度来看待代价函数，即把

它看作是关于网络输出 y 的函数，从而得到一种实时递归学习算法来优化循环神经网络。首先引入 $\partial y(t)$，并将 $\dfrac{\partial y(t)}{\partial w}$ 定义为 $p(t)$，从而可以将 $\dfrac{\partial E(t)}{\partial w}$ 写成下面的形式。

$$\frac{\partial E(t)}{\partial w} = \frac{\partial y(t)}{\partial w} \cdot \frac{\partial E(t)}{\partial y(t)} = p(t) \cdot e(t) \qquad (2.46)$$

根据前面的定义，$p(t)$ 就是 $y(t)$ 相对于 w 的导数。设 $p(0)=0$，则可以把 $p(t)$ 按下面的公式展开。

$$\begin{aligned}
p(t) &= \frac{\partial y(t)}{\partial w} = \frac{\partial y(t)}{\partial s(t)} \cdot \frac{\partial s(t)}{\partial w} \\
&= f'(s(t))\left(y(t-1) + w \cdot \frac{\partial y(t-1)}{\partial w} \right) \\
&= f'(s(t))(y(t-1) + w \cdot p(t-1)) \qquad (2.47)
\end{aligned}$$

从前面的通过时间反向传播算法和实时递归学习算法，可以看出计算循环神经网络的梯度并不复杂。直接将前向神经网络的反向传播算法应用于循环神经网络展开后的特殊前向神经网络就可以进行梯度计算了。由反向传播计算得到的循环神经网络的梯度，并结合任何通用的基于梯度的方法，就可以训练循环神经网络了。

2.4.4 深度学习的泛化能力

在深度学习方法中，**泛化能力**（Generalization Ability）是一个很重要的考核标准，其衡量了学习模型对未知数据的预测能力，也叫做举一反三和学以致用的能力。一般，通过测试误差和拟合情况来评价模型的泛化能力。如果学习的模型是通过死记硬背，并没有学以致用的能力，即泛化能力较弱，就会表现出过拟合（Over-fitting）现象。一般当模型的复杂度高于实际问题时，就很容易出现过拟合现象。相反地，如果模型复杂度较低，就会很难学习到训练数据背后的规律，也会导致泛化能力较弱，出现欠拟合（Underfitting）现象。此外，对于基于梯度下降算法的神经网络模型，如果其算法不能找到局部最小值或全局最小值，即不能得到问题的最优解，则说明该算法不收敛，则会导致更弱的泛化能力。图2.23展示了过拟合、欠拟合、拟合和不收敛这4种情况。

人们期望经过训练样本训练的模型具有较强的泛化能力，即具备对新输入样本给出合理响应的能力。而为了保证深度神经网络具有较强的泛化能力，就需要掌握哪些因素会影响神经网络的泛化能力，以及神经网络的泛化能力是如何受到他们影响的。常见的因素可以概括为以下4点。

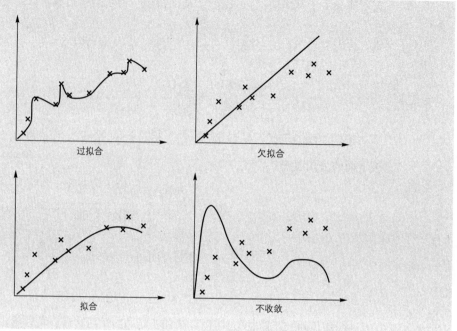

图2.23 过拟合、欠拟合、拟合和不收敛4种收敛情况

（1）结构复杂度和样本复杂度：结构复杂度指神经网络的容量及规模，样本复杂度则指训练某一固定结构神经网络所需的样本数目。当结构的复杂度远远高于样本的复杂度时，容易出现过拟合现象。而当结构的复杂度远远低于样本的复杂度时，则又会容易出现欠拟合现象。因此，一般要根据样本的复杂度来设计网络模型，选择合适的结构复杂度，来使算法较好地收敛，从而具有较好的泛化能力。

（2）样本质量：指训练样本分布反映总体分布的程度，或者说由整个训练样本集提供的信息量。样本质量严重影响神经网络的泛化能力，改进训练样本质量，也是改善神经网络泛化能力的一种重要方法。

（3）初始权值：俗话说，好的开始就是成功的一半。网络的初始化权值参数对网络最终的训练结果和模型的泛化能力有很大的影响。若训练神经网络时，其初始值不同，那么将能获得拥有不同泛化能力的神经网络，过大或者过小的初始值对网络收敛的结果都会有不好的结果。常见的初始化方法有均匀分布、正态分布、常数初始化等。

（4）学习时间：训练神经网络的迭代次数即为神经网络的学习时间。过度的训练也会影响神经网络的泛化能力，而太小的迭代次数也有可能导致模型欠拟合或不收敛，从而也会导致神经网络的泛化能力较弱。一般会根据训练集上的误差情况来调整迭代次数。

针对上述影响深度神经网络泛化能力的因素已经有很多研究，衍生出很多提升网络泛化能力的方法，常用的包括剪枝算法、构造算法和进化算法等。如剪枝算法一般指通过判断，删除对输出结果贡献不大的参数，该方法在保证模型泛化能力的前提下，提升运行速度，减小模型文件的大小。在迁移学习领域中，通过训练一个更大的神经网络模型，再逐步剪枝得到的小模型取得的结果，要比直接训练这样一个小模型的结果好得多，泛化能力更好。构造算法大致分为三类：理论收敛法、启发式最优算法和数据驱动法。以理论收敛法为例，其通过在现有结构的基础上，调整网络输出，使错误率达到最小。进化算法也称演化算法，是一种成熟的具有高健壮性和广泛适用性的全局优化方法，具有自组织、自适应、自学习的特性，能够不受问题性质的限制，有效地处理传统优化算法难以解决的复杂问题。

2.5 深度学习技术示例1: 解决XOR问题

为了进一步理解前馈神经网络的设计思想，下面以实现一个多层前馈网络为例，解决一个简单的线性可分问题：异或（XOR）问题。

2.5.1 什么是异或问题

异或是数学中的一种逻辑运算符，记为⊕。同时在计算机中一般以"XOR"表示异或，用于两个二进制值之间的运算。假设两个二进制值分别为0和1，那么异或的运算规则为：$0 \oplus 0 = 1$，$1 \oplus 0 = 0$，$0 \oplus 1 = 0$，$1 \oplus 1 = 1$。也就是说，当两个数的数值相同时为真，而不相同时为假。如图2.24所示，把这4个点（0，0）、（0，1）、（1，0）和（1，1）绘制在直角坐标系中，可以看到任意一条直线均无法将点分为两类，也就是说在此特征空间下，用线性分类器无法解决该问题，而其他3种问题AND（与）、NAND（与非）、OR（或）可以用线性分类器实现将点分为两类。

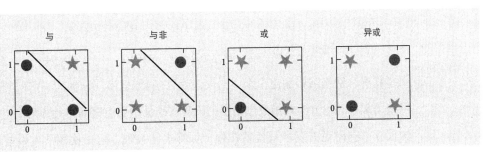

图2.24 XOR的线性不可分性

2.5.2 解决异或问题的神经网络结构

解决异或问题的一种方法是设计一个模型将数据点映射到一个不同的特征空间。在这个空间上可以使用线性分类器解决问题。因此，在这里需要引入一个简单的前馈神经网络。如图2.25所示，该神经网络包含3层：输入层、隐藏层和输出层。输入层（两个神经元）$X = [x_1, x_2]$，隐藏层（3个神经元）$H = [h_1, h_2, h_3]$，输出层 $Y = [y]$，矩阵 W_1 表示从输入层到隐藏层的映射，而矩阵 W_2 表示从隐藏层到输出层的映射。有了这个前馈网络，解决该问题的思路会变得很简单：首先建立网络，以便它接受输入并产生输出。如果产生的输出与期望的输出不匹配，则网络将创建一个"错误信号"，并将该错误信号通过网络向后传递到输入节点。随着错误的传递，网络结构不断调整，以使错误最小化。

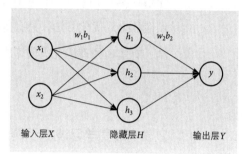

图2.25 解决XOR问题的前馈神经网络示意图

在这个例子中，忽略网络的泛化能力，只要求建立的网络能够拟合训练集中的点。即在 $T = \{[0, 0]^\top, [0, 1]^\top, [1, 0]^\top, [1, 1]^\top\}$ 4个点上表现正确。

首先，定义网络接受输入并产生输出的过程。前馈网络输入数据并通过函数 $f^1(x; W_1, b_1)$ 得到隐藏层的输入 $[h_1, h_2, h_3]$，之后隐藏层的值将被作为输出层的输入，通过函数 $f^2(h; W_2, b_2)$ 后，得到最终的输出值 y，其中 b_1 和 b_2 为函数的截距参数。

当定义了模型从接受输入到产生输出的过程后，还需要对其中的映射函数做进一步的规定。假如映射函数仍然采用线性的形式，在忽略截距参数时，前馈网络整体上仍然为一个线性模型。显然，解决XOR问题，必须要采用非线性函数方法。对于常见的神经网络模型来说，经常采用一个固定的非线性函数来增加网络模型的非线性特征，这种函数也被称为激活函数。在这里，使用激活函数中的一种——线性整流函数 $R(z) = \max(0, z)$。

因此，这个前馈神经网络的整个输入输出流程可以表示为

$$F(x; W_1, b_1, W_2, b_2) = W_2^\top \max\{0, W_1^\top x + b_1\} + b_2 \tag{2.48}$$

其次，网络需要创建一个"错误信号"。假如把该问题视为一个回归问题，那可以采用常见的均方误差函数作为损失函数来衡量这个前馈网络的预测值与真实值之间的误差。同时还需要衡量模型在整个训练集的表现，这里使用均方误差作为代价函数，它的具体形式为

$$L(\theta) = \frac{1}{4} \sum_{x \in T} (y_{\text{true}} - f(x; \theta)) \tag{2.49}$$

其中，$f(x; \theta)$ 即为上文中提到的前馈模型最终输出 y，而 y_{true} 为输入数据 x 的真实值。

根据以上定义，整个前馈神经网络的学习过程可以分为以下几个步骤：① 采用随机取值的方式初始化所有网络参数值（即 W_1，b_1，W_2，b_2）；② 向模型输入一批数据 X，根据前馈神经网络的整个输入输出流程公式得到最终输出值 y；③ 根据模型输出值 y 与输入数据 X 的真实值 y_{true} 利用均方误差代价函数计算"错误信号"；④ 根据反向传播算法，将"错误信号"通过网络向后传递到输入节点，通过迭代更新的方式直到最终损失函数输出收敛，得到最优参数。

2.5.3 得到异或问题的解

根据前面的学习过程，可以得到异或问题的一个解。对于已经收敛的前馈神经网络，首先令

$$W_1 = \begin{bmatrix} 1 & 1 & 1 \\ 1 & 1 & 1 \end{bmatrix} \tag{2.50}$$

$$b_1 = \begin{bmatrix} 1 \\ 0 \\ -1 \end{bmatrix} \tag{2.51}$$

$$W_2 = \begin{bmatrix} 0 \\ 1 \\ -1 \end{bmatrix} \tag{2.52}$$

同时令 $b_2 = 0$。当模型接收一批输入时，以矩阵 X 表示训练集中 4 个点的输入，每行为一个点，则矩阵可以被表示为

$$X = \begin{bmatrix} 0 & 0 \\ 0 & 1 \\ 1 & 0 \\ 1 & 1 \end{bmatrix} \tag{2.53}$$

按照模型从接收输入到产生输出过程的第一步，将输入矩阵与第一层的权重矩阵进行相乘。

$$XW_1 = \begin{bmatrix} 0 & 0 & 0 \\ 1 & 1 & 1 \\ 1 & 1 & 1 \\ 2 & 2 & 2 \end{bmatrix} \tag{2.54}$$

加上偏置矩阵 b_1，可以得到

$$XW_1 + b_1 = \begin{bmatrix} 1 & 0 & -1 \\ 2 & 1 & 0 \\ 2 & 1 & 0 \\ 3 & 2 & 1 \end{bmatrix} \tag{2.55}$$

然后，再加入 ReLU 激活函数，得到最终的隐藏层矩阵 H。

$$H = \begin{bmatrix} 1 & 0 & 0 \\ 2 & 1 & 0 \\ 2 & 1 & 0 \\ 3 & 2 & 0 \end{bmatrix} \tag{2.56}$$

最后将矩阵 H 乘以输出层权重 W_2，得到模型最终的输出值。

$$HW_2 = \begin{bmatrix} 0 \\ 1 \\ 1 \\ 0 \end{bmatrix} \tag{2.57}$$

从式 2.57 可以看出，模型对这批数据都给出了正确的分类结果。

总的来说，通过一个简单的前馈神经网络可以解决 XOR 问题。在更为复杂的应用环境中，可能我们设计的网络无法像现在这样迅速找到正确答案，但是通过非线性的组合，总可以找到一个相对正确的解。

2.6 深度学习技术示例2：解决序列数据分类问题

文本数据作为一种天生的序列数据在深度学习领域被广泛研究。本小节将完成一个评论文本分类小任务，具体为：给定一句评论，通过将该评论输入一个神经网络模型，判断它是"好评"还是"差评"。

首先，分析任务可知文本数据具有强烈的上下文依赖特征，即句子中的每个词出现的概率与其周围的词紧密相关。举个例子，如果一个残缺的句子"你好，世"，那么下一个字是"界"的概率会远远高于其他一些字（因为"世"和"界"在所有文本中同时出现概率很高，即高共现率）。为了刻画该特性，首先使用循环神经网络来提取文本特征。其次，由于文字不能直接作为神经网络的输入（神经网络输入都是数值），因此要对文本进行预处理（如图2.26中句子特征提取部分所示）。以"这电影真不错！"为例，整个处理过程如下。

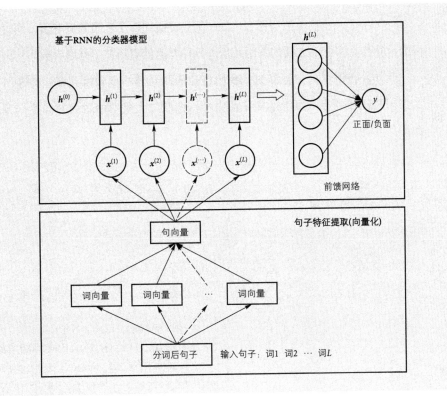

图2.26 解决文本分类问题的神经网络模型示意图

（1）分词：把每个句子的词语和标点用指定分界符分隔开（可以为任意特殊符号或者空格，这里假设为"#"），此时句子变为"这#电影#真#不错#！"。

（2）构建词典：将数据集中所有文本中出现过的词和标点按照词频大小进行编号，这里假设词典为［这：88，电影：156，真：14，不错：23，！：5...］。

（3）独热编码：根据构建的词典将句子替换为数字序列。此时句子变为数字序列［88，156，14，23，5］。

经过预处理，文本转换的数字序列将被送入模型。最后，整个文本分类模型如图2.26中基于循环神经网络的分类器模型部分所示。由图2.26可知，神经网络模型主要包括两部分：文本特征提取模块以及分类器。为了方便说明整个流程，此时假设预处理后的句子为$X = \{x^{(1)}, x^{(2)}, \cdots, x^{(L)}\}$，则整个模型的学习过程可以表示如下。

（1）将 X 中的每个元素按照顺序依次输入循环神经网络（即文本特征提取模块），分别得到网络的隐藏层输出 $H = \{h^{(1)}, h^{(2)}, \cdots, h^{(L)}\}$。

（2）根据循环神经网络的特性，其隐藏层最后一个时间步的值 $h^{(L)}$ 已经包含前面 1 到 $L-1$ 步隐藏层的值。因此，取最后一个时间步的隐藏层状态的值 $h^{(L)}$ 作为提取该句子的特征值。取出特征值后，将其送入一个全连接网络进行维度转换（因为是二分类任务，输出维度应为 2）。

（3）将上一步输出值利用 Softmax 函数转换到 0~1 之间的概率值，同时利用损失函数计算与真实标签之间的差距并且进行梯度返传更新整个网络参数。

此外，在测试模型性能时，我们将会采取同样的步骤得到模型的输出（维度为 2），同时比较两个维度上的概率值大小，选取最大概率值对应的标签作为最终的预测值。

小结

这一章带领读者更深入地了解深度学习的原理。首先简单介绍了生物神经元及其对人工神经元和人工神经网络的启发。其次，详细介绍了几种常用的人工神经网络模型，包括前馈神经网络、循环神经网络及其数学模型；此外还介绍了几种常用的目标函数。神经网络是需要优化和训练的，本章为读者介绍了几种神经网络用到的优化学习算法。本章最后是两个深度学习技术的示例，对深度神经网络能够解决的问题为读者提供初步的了解。

习题

1. 为什么图 2.9 所示的前馈神经网络又被称为全连接神经网络？
2. 前馈神经网络的中间层为什么又被称为隐藏层？
3. 循环神经网络适用的任务有哪些？
4. 请列举出常见的循环神经网络结构类型。
5. 代价函数和损失函数有区别吗？如果有，它们的区别是什么？
6. 代价函数的选择标准是什么？
7. 请写出 Sigmoid 与 Softmax 输出表达式。
8. 什么是梯度？

9. 通过时间反向传播算法和实时递归学习算法的区别是什么?

10. 如何提高神经网络模型的泛化能力?

11. 什么是自动编码器的目标函数? 这样的目标函数有什么作用?

12. 对于线性联想器, Hebb学习规则的假说是什么?

13. 无监督Hebb学习规则的基本学习过程是什么?

14. 请用一句话描述反向传播算法的核心思想。

15. 简述反向传播算法的过程。

平台框架篇

第3章 深度学习框架

在开始深度学习之前，选择一个合适的计算框架非常重要。合适的深度学习框架往往能起到事半功倍的作用，使用者可以节省大量编写底层代码的时间和精力，屏蔽模型的底层实现，只关注模型的逻辑结构。同时，深度学习框架简化了计算流程，降低了深度学习的入门门槛，也省去了部署和适配环境的烦恼，使得训练出的模型具备灵活的可移植性，能方便地将训练好的模型部署到CPU/GPU/移动端上。

目前，应用最广泛的深度学习框架有TensorFlow、PyTorch、PaddlePaddle、Caffe、MXNet等，也有如MindSpore这类的新起之秀。表3.1展示了至2021年9月GitHub上相关深度学习框架的具体信息，这些深度学习框架广泛应用于计算机视觉、语音识别、自然语言处理、生物信息学等领域，并取得了显著的实用效果。本章主要介绍MindSpore、TensorFlow、PyTorch三大框架，分析其特性和优势，从多维度对它们进行比较，对如何选择合适的深度学习框架提出建议。

表3.1 深度学习框架总览

发布时间	框架名称	开发团队	支持语言
2015年11月	TensorFlow	Google	Python/C++/Java
2016年5月	MXNet	DMLC	Python/C++/R
2016年8月	PaddlePaddle	百度	Python/C++
2016年10月	PyTorch	Facebook	Python/C++
2017年4月	Caffe	BVLC	Python/C++
2020年3月	MindSpore	华为	Python

3.1 MindSpore的驱动前提

人工智能计算框架需要兼顾学术研究的灵活性、工业界的健壮性以及覆盖终端、边缘、云全场景业务的便利性。因此，为了减小从学术研究到工业生产之间的巨大鸿沟，提出了驱动人工智能（AI）框架演进的"ABCDE"五大因素。

（1）Application+Big Data：AI模型和数据

① 大模型＋大数据（GPT-3参数达1 750亿）。

② 从单一的神经网络向通用AI和科学计算演进。

（2）Chip：AI芯片和算力

① 芯片/集群性能持续提升（E级人工智能算力集群）。

② CPU/GPU/NPU多样化异构算力。

（3）Developer：算法开发工程师

① 关注算法创新，系统性能优化动力不足。

② 算法迭代快，需要边界的调试调优能力。

（4）Enterprise：AI部署＋AI责任

① 企业部署注重安全和隐私保护。

② AI产品的广泛应用面临公平性、可解释的挑战。

3.2　MindSpore介绍

3.2.1　框架简介

2018年，华为全联接大会上提出了人工智能面临的十大挑战。

（1）模型训练方面：深度学习模型训练时间长，少则数日，多则数月。

（2）算力方面：目前GPU算力稀缺且昂贵，算力仍然是制约现阶段深度学习发展的瓶颈之一。

（3）人工智能部署方面：主要在云，少量在边缘。

（4）算法方面：目前的训练算法主要诞生于20世纪80年代，数据需求量大，计算能效较高，算法的可解释性较差。

（5）人工智能自动化方面：仍然面临没有人工就没有智能的现状。

（6）面向实际应用方面：模型的实际应用相对较少，工业应用不足。

（7）模型更新方面：模型参数非实时更新。

（8）多技术协同方面：现有的模型与其他技术集成不充分。

（9）平台支持方面：现有的模型训练是一项需要高级技能，难度较高的工作。

（10）相关人才获得方面：目前的数据科学家稀缺，人才储备不足。

为助力开发者与产业界更加从容地应对这些系统级挑战，2020年3月28日，华为发布了新一代人工智能框架MindSpore，logo如图3.1所示。MindSpore的研发获得了目前全行业最佳经验的支持。同时，通过社区合作，该框架面向华为自研的Ascend处理器，支持多处理器的开放人工智能架构，为算法工程师和数据科学家提供开发友好、运行高效、部署灵活的体验。此外，MindSpore框架支持终端、边缘、云全场景灵活部署，降低了人工智能应用的研发门槛。

图3.1 MindSpore框架logo

2020年3月，华为发布MindSpore v0.1.0-alpha版本，随后在2020年4月至8月发布了V0.2.0~ V0.7.0版本，并在2020年9月发布了V1.0.0正式版本。在该版本中，MindSpore提供了所见即所得的模型开发和调优套件，同时也提供了40多个典型的高性能模型，覆盖了计算机视觉、自然语言处理、推荐系统等多个领域。2021年9月，MindSpore已迭代更新至V1.3.0版本，支持增量推理模型部署、图计算融合加速网络训练等。

3.2.2　环境安装与配置

MindSpore的运行依赖适合的Python发行版本。为避免因Python版本混乱导致安装过程出现问题，一般采用MiniConda创建Python虚拟环境，将安装所需的Python运行环境与系统外部环境相互隔离，以确保MindSpore能正常运行。

首先，在MiniConda的官网下载与本机运行系统相匹配的安装文件，如图3.2所示。由于笔者使用Windows 10专业版系统，因此，此处选择下载MiniConda3 Windows 64-bit安装文件进行安装。请注意，读者应根据自己所使用的操作系统下载对应的安装文件，否则会出现无法安装的情况。

Latest Miniconda Installer Links

Latest - Conda 4.10.3 Python 3.9.5 released July 21, 2021

Platform	Name	SHA256 hash
Windows	Miniconda3 Windows 64-bit	b33797064593ab2229a0135dc69001bea05cb56a20c2f243b1231213642e260a
	Miniconda3 Windows 32-bit	24f438e57ff2ef1ce1e93050d4e9d13f5050955f759f448d84a4018d3cc12d6b
MacOSX	Miniconda3 MaxOSX 64-bit bash	786de9721f43e2c7d2803144c635f5f6e4823483536dc141ccd82dbb927cd508
	Miniconda3 MaxOSX 64-bit pkg	8fa371ae97218c3c005cd5f04b1f40156d1506a9bd1d5c078f89d563fd416816
Linux	Miniconda3 Linux 64-bit	1ea2f885b4dbc3098662845560bc64271eb17085387a70c2ba3f29fff6f8d52f
	Miniconda3 Linux-aarch64 64-bit	4879820a10718743f945d88ef142c3a4b30dfc8e448d1ca08e019586374b773f
	Miniconda3 Linux-ppc64le 64-bit	fa92ee4773611f58ed9333f977d32bbb64769292f605d518732183be1f3321fa
	Miniconda3 Linux-s390x 64-bit	1faed9abecf4a4ddd4e0d8891fc2cdaa3394c51e877af14ad6b9d4aadb4e90d8

图3.2 在官网下载对应的安装版本

安装文件下载完成后，根据安装指引安装MiniConda程序。在安装过程中读者可根据安装程序中的推荐选项安装需要的组件，安装完成后，按"Windows+Q"快捷键显示系统自带的搜索框界面，在搜索框中输入Anaconda Prompt（miniconda），按回车即可进入MiniConda的运行界面。若成功安装，则显示如图3.3所示界面。

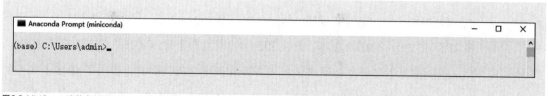

图3.3 MiniConda安装成功界面

由于MindSpore的正常运行依赖Python 3.7.5运行环境，利用MiniConda创建一个符合该版本要求的Python虚拟环境。在Anaconda Prompt（miniconda）中，输入以下命令：

```
conda create -n "mindspore" python==3.7.5
# conda create -n "env_name" 即创建环境名为"env_name"的Python虚拟环境
# python==3.7.5 即虚拟环境的Python版本号为3.7.5
```

若虚拟环境安装成功，则Prompt界面如图3.4所示，可以利用conda activate mindspore和conda deactivate mindspore激活或退出MindSpore虚拟环境。

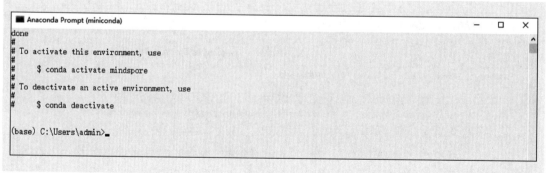

图3.4 虚拟环境创建成功界面

在Promt中输入conda activate mindspore激活创建成功的虚拟环境，若环境被成功激活，则命令符前括号中的字母变更为"minspore"，激活成功界面如图3.5所示。

```
(base) C:\Users\admin>conda activate mindspore
(mindspore) C:\Users\admin>
```

图3.5 虚拟环境激活成功界面

  MindSpore的安装十分简单。MindSpore官网版本下载界面如图3.6所示，用户只需选择适合自己的环境条件，然后下载相应的安装包或使用云平台，即可创建和部署该框架。

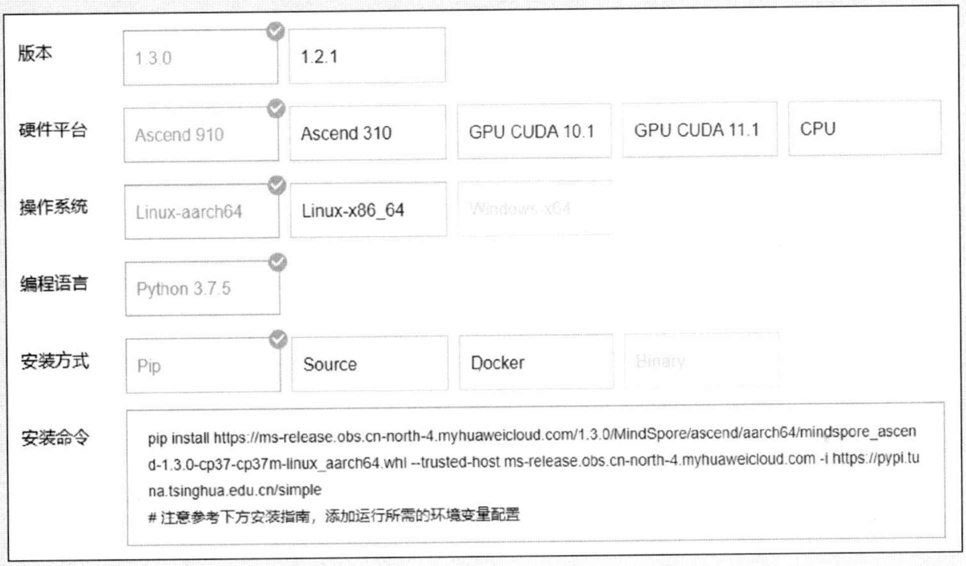

图3.6 MindSpore 官网版本下载界面

  相关系统安装MindSpore命令如下列命令行所示。

```
# Windows 安装 MindSpore CPU 版本命令
$ pip install https://ms-release.obs.cn-north-4.myhuaweicloud.com/1.3.0/
    MindSpore/cpu/x86_64/mindspore-1.3.0-cp37-cp37m-linux_x86_64.whl
    --trusted-host ms-release.obs.cn-north-4.myhuaweicloud.com -i https://
    pypi.tuna.tsinghua.edu.cn/simple


# Windows 安装 MindSpore GPU 版本命令
$ pip install https://ms-release.obs.cn-north-4.myhuaweicloud.com/1.3.0/
```

```
MindSpore/gpu/x86_64/cuda-10.1/mindspore_gpu-1.3.0-cp37-cp37m-linux_
x86_64 .whl --trusted-host ms-release.obs.cn-north-4.myhuaweicloud.com -i
https://pypi.tuna.tsinghua.edu.cn/simple

# Linux 安装 MindSpore CPU 版本命令
$ pip install https://ms-release.obs.cn-north-4.myhuaweicloud.com/1.3.0/
MindSpore/cpu/x86_64/mindspore-1.3.0-cp37-cp37m-linux_x86_64.whl
--trusted -host ms-release.obs.cn-north-4.myhuaweicloud.com -i https://
pypi.tuna.tsinghua.edu.cn/simple

# Linux 安装 MindSpore GPU 版本命令
$ pip install https://ms-release.obs.cn-north-4.myhuaweicloud.com/1.3.0/
MindSpore/gpu/x86_64/cuda-11.1/mindspore_gpu-1.3.0-cp37-cp37m-linux_
x86_64.whl --trusted-host ms-release.obs.cn-north-4.myhuaweicloud.com -i
https://pypi.tuna.tsinghua.edu.cn/simple
```

以 MindSpore 1.3.0 CPU 版本为例，在 Windows 系统上，通过 Python 自带的软件包安装工具 pip，即可实现 MindSpore 的快速安装。在 MiniConda 的 MindSpore 虚拟环境中，输入 Windows 安装 MindSpore CPU 版本命令，等待 MindSpore 框架安装。程序安装完成界面如图 3.7 所示。

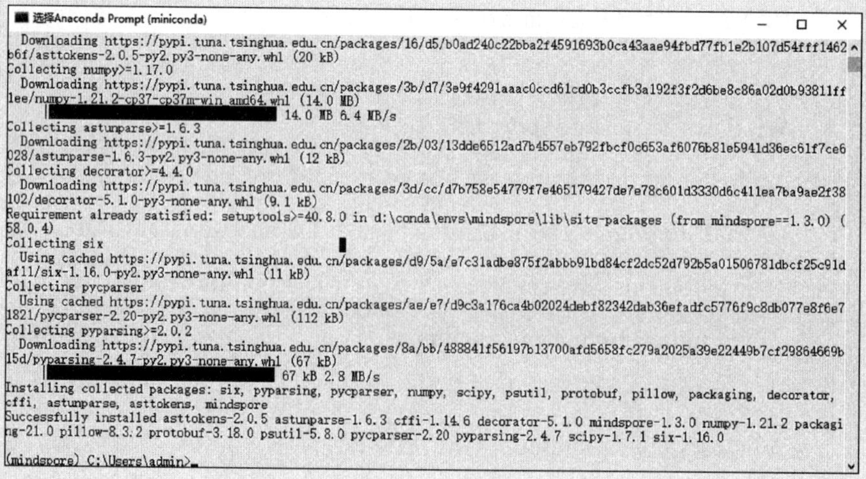

图 3.7 MindSpore 安装成功界面

在pip命令执行完毕后,用户可利用下列命令验证MindSpore是否安装成功。出现如图3.8所示界面,表明当前平台已成功安装MindSpore深度学习框架。

```
# 验证mindspore是否可以正常运行
python -c "import mindspore;mindspore.run_check()"
MindSpore version: 1.3.0
[WARNING] DEBUG(2174259,7f234a101740,python):2021-09-23-20:29:47.319.996 [
    mindspore/ccsrc/debug/debugger/debugger.cc:88] Debugger] Not enabling
    debugger. Debugger does not support CPU.
The result of multiplication calculation is correct, MindSpore has been
    installed successfully!
```

图3.8 命令行检查MindSpore安装版本

3.2.3 MindSpore实现简单神经网络

使用MindSpore框架训练模型前,首先需要引入MindSpore API来辅助实现对应的功能,例如,nn库中提供了用于构建神经网络的预定义构建模块和计算单元;Model库用于模型训练和测试;callback库用于保存模型的信息等,实际案例如下代码所示。

```
import mindspore
import mindspore.nn as nn
from mindspore import Model
from mindspore.nn import Accuracy
from mindspore.nn import SoftmaxCrossEntropyWithLogits
from mindspore.train.callback import LossMonitor
```

使用MindSpore框架定义神经网络模型时,需要继承MindSpore的Cell类,它是构建所有神经网络的基类,也是神经网络的基本单元。同时,还需要根据模型的设计来重写__init__方法和construct方法,如下代码所示。

```
class LeNet5(nn.Cell):
  def __init__(self, num_class=10, num_channel=1):
    super(LeNet5, self).__init__()
```

```
# 定义神经网络的层结构
self.conv1 = nn.Conv2d(num_channel, 6, 5, pad_mode='valid')
self.conv2 = nn.Conv2d(6, 16, 5, pad_mode='valid')
self.fc1 = nn.Dense(16 * 5 * 5, 120, weight_init=Normal(0.02))
self.fc2 = nn.Dense(120, 84, weight_init=Normal(0.02))
self.fc3 = nn.Dense(84, num_class, weight_init=Normal(0.02))
# 定义激活函数
self.relu = nn.ReLU()
# 定义池化层
self.max_pool2d = nn.MaxPool2d(kernel_size=2, stride=2)
self.flatten = nn.Flatten()


def construct(self, x):
# 下面是具体的传播过程
x = self.max_pool2d(self.relu(self.conv1(x)))
x = self.max_pool2d(self.relu(self.conv2(x)))
x = self.flatten(x)
x = self.relu(self.fc1(x))
x = self.relu(self.fc2(x))
x = self.fc3(x)
return x
```

　　_ _init_ _中提到的Conv2d代表卷积函数，用于提取特征；ReLU代表非线性激活函数，用于学习各种复杂的特征；MaxPool2d代表最大池化函数，用于降采样；Flatten将多维数组转换为1维数组；Dense用于矩阵的线性变换；construct则是用定义好的运算实现网络的前向传播过程。

　　定义了神经网络结构之后，就需要加载训练需要用到的数据集和定义模型的超参数。如下代码所示，train_epoch表示所有数据在网络模型中完成了前向计算和反向传播的次数；lr代表学习率，决定了神经网络学习问题的快慢；momentum是动量算法（与随机梯度下降算法类似）中的一个参数；net_loss定义了模型的损失函数，反映了模型的预测值和真实值的差距，此处选用的是交叉熵损失函数；net_opt定义了模型的优化算法,用于更新模型中的参数。

```
# 导入训练集
ds_train = create_dataset()
# 确定训练次数
train_epoch = 10


# 定义学习率
lr = 0.01


# 定义优化器的相关参数
momentum = 0.9
net_loss = SoftmaxCrossEntropyWithLogits(sparse=True, reduction='mean')
net_opt = nn.Momentum(net.trainable_params(), lr, momentum)
```

最后一步,则是初始化神经网络,再将模型超参数、神经网络结构、损失函数、模型优化器和评价指标等一同传给网络模型,通过调用模型的train函数正式开始模型的训练。最终过程如下代码所示,其中callbacks可用于保存模型结构和参数,控制打印模型训练过程中的损失值等变化。

```
net = LeNet5()


model = Model(net, net_loss, net_opt, metrics={"Accuracy": Accuracy()})
model.train(train_epoch, ds_train, callbacks=[LossMonitor()])
```

MindSpore适合人工智能初学者,在导入相关数据集后,可自动学习模型参数,无需人工手动调参;同时该框架优化了线上部署的流程,集成了更多的数据标注工具,方便开发者扩大模型的应用范围。MindSpore为用户提供了更普惠的人工智能服务。

3.3 TensorFlow介绍

3.3.1 框架简介

随着2016年3月AlphaGo战胜李世石，深度学习和人工智能等概念迅速进入大众的视野。而TensorFlow[117]是AlphaGo拥有如此强大能力的基础，它是谷歌公司于2015年11月开源的深度学习框架，logo如图3.9所示。TensorFlow深度学习框架的前身是Distbelief——构建各个尺度下的神经网络分布式学习和交互系统的第一代机器学习系统框架。然而，Distbelief功能模块较少，配置、部署和使用都比较复杂，所以没能大规模推广。后来随着对Distbelief代码库的简化和重构，使其变成一个性能和健壮性都更好的开源深度学习框架，形成了TensorFlow。TensorFlow可以实现绝大多数场景下的各种深度学习算法，提供了多种语言的应用程序接口（Application Program Interface，API），例如Python、C++等。其不仅可以在Windows和Linux操作系统中运行，还支持谷歌云等云服务计算。

图3.9 TensorFlow框架logo

2019年6月TensorFlow2.0正式发布，针对早期TensorFlow的一些弊端进行了改进，形成了它的六大优势。

① 易用性：提供各种层次的基本操作API，可以实现绝大多数场景下的各种深度学习算法。

② 高性能：随着不断的发展和优化，在深度学习训练框架中TensorFlow的性能一直处于领先地位。

③ 移动端支持：移动端可以使用TensorFlow Lite进行训练。

④ Web端支持：谷歌公司发布的tensorflow.js，支持深度学习训练模型在Web端发布和操作。

⑤ 可视化：训练中间过程和最终结果的可视化展示被设计为一个通用格式的数据渲染服务层。任何其他深度学习框架可以通过生成通用格式的文件由TensorFlow进行可视化展示。

⑥ 分布式训练：TensorFlow框架具有分布式计算的特性，与数据并行计算的架构相比，该框架在远程直接存储器访问（Remote Direct Memory Access，RDMA）节点通信方面具有明显的优势。

至2020年9月，TensorFlow已经成为名副其实的最受欢迎的深度学习框架之一。

3.3.2 环境搭建

由于pip安装速度较慢，因此本小节主要介绍安装成功率较高的源代码编译安装。源代码编译安装的过程是把源代码编译成pip安装包，然后使用pip安装方式进行安装。安装的具体流程依次为JDK8、Bazel、Cuda Toolkit、TensorFlow。安装步骤如下。

（1）安装JDK8。

```
$ sudo apt-get install oracle-java8-installer
```

（2）安装过程中会出现选择服务条款，选择"是"，如图3.10所示。

图3.10 选择服务条款

（3）测试JDK8是否安装成功。

```
$ java -version
```

如果显示以下内容，则为安装成功。

```
java version "1.8.0_291"
Java(TM) SE Runtime Environment (build 1.8.0_291-b10)
Java HotSpot(TM) 64-Bit Server VM (build 25.291-b10, mixed mode)
```

（4）下载安装Bazel依赖库。

```
# 下载依赖的库pkg-config zip g++ zlib1g-dev unzip python
$ sudo apt-get install pkg-config zip g++ zlib1g-dev unzip python
```

（5）在GitHub的Bazel发布页面下载Bazel二进制安装文件。

```
bazel-5.0.0-pre.20210916.1-installer-linux-x86_64.sh
```

（6）安装Bazel。

```
# 安装Bazel到home/bin目录下
chmod +x bazel-5.0.0-pre.20210916.1-installer-linux-x86_64.sh./bazel-5.0.0-
    pre.20210916.1-installer-linux-x86_64.sh --user
# 设置Bazel的环境变量
export PATH="$PATH:$HOME/bin"
```

（7）安装支持GPU驱动。

```
$ sudo apt install nvidia-driver-440
```

（8）在Cuda Toolkit官网下载cuDNN安装包。

```
cudnn-10.2-linux-x64-v7.6.5.32.tgz
```

（9）解压安装cuDNN。

```
# 移动文件到安装目录下
$ sudo mv cudnn-10.2-linux-x64-v7.6.5.32.tgz /usr/local/env/cuDNN

# 解压安装包
$ tar -xvf cudnn-10.2-linux-x64-v7.6.5.32.tgz

# 配置环境
$ sudo cp cuda/include/cudnn.h /usr/local/cuda/include/
$ sudo cp cuda/lib64/libcudnn* /usr/local/cuda/lib64/
```

（10）查看cuDNN版本。

```
$ cat /usr/local/cuda/include/cudnn.h | grep CUDNN_MAJOR -A 2
```

3.4 PyTorch介绍

3.4.1 框架简介

PyTorch[118]是由脸书公司发布的开源深度学习框架，logo如图3.11所示。前身是Torch深度学习框架，其提供了对多维矩阵进行基本操作的张量库，可以实现绝大多数场景下的各种深度学习算法。相比于其他深度学习框架，Torch前端使用LUA语言，但深度学习使用的主流语言是Python。所以2016年发布了Torch的Python版本即PyTorch。最初版本的PyTorch模块单一，对张量的计算操作较少。随着版本迭代，逐步形成了当前这种功能丰富、简洁高效的深度学习框架。PyTorch最显著的4个特点是简洁、高效、概念简单以及社区活跃。该框架采用了少抽象的设计理念，尽量采用Python语言的语法结构，而不是创造全新的抽象概念，在编程效率和可读性方面都具有较大的优势，但这种灵活性并没有牺牲程序运行效率。PyTorch在学术界和工业界都得到了广泛的应用，跻身为当今最受欢迎的深度学习框架之一。

图3.11 PyTorch框架logo

3.4.2 环境搭建

上一节TensorFlow使用源码编译安装，本节介绍另外一种更加方便的安装方式——使用Anaconda安装PyTorch。以下为安装步骤。

（1）创建虚拟环境。

```
$ conda create -n pytorch python=3.6
```

（2）激活虚拟环境。

```
$ source activate pytorch
```

（3）安装PyTorch，此步骤需要到PyTorch官网，根据自己的机器来查找安装命令。

```
$ conda install pytorch torchvision cudatoolkit=10.1
```

（4）检测是否安装成功。

```
$ python
$ import pytorch
```

3.5　如何选择好的框架

随着深度学习工具的蓬勃发展，实现深度学习模型的选择也越来越多。不同的深度学习工具在性能、功能各方面表现迥异，如何挑选一款适合自己的工具呢？下面给出一些参考因素。

（1）MindSpore作为面向不同经验人工智能开发者的一站式开发平台，具有易上手、高性能、操作灵活的特点。MindSpore实现单层神经网络代码如下。

```
from mindspore import nn

# 定义模型类
class LinerModel(nn.Cell):
# 定义网络需要的运算
def __init__(self):
super(LinerModel, self).__init__()
# 定义单层神经网络（输入为1维，输出为5维）
```

```
self.linear = nn.Dense(1, 5)

# 定义网络前向传播的流程
def construct(self, x):
y_pred = self.linear(x)
return y_pred
```

（2）TensorFlow社区资源丰富，用户群体大，如果要实现的模型是一个比较经典的模型，可以非常容易地找到相关资料。TensorFlow实现单层神经网络代码如下。

```
import tensorflow as tf
from tensorflow.keras.layers import Dense
from tensorflow.keras import Model

# 定义模型类
class LinerModel(Model):
# 定义网络需要的运算
def __init__(self):
super(LinerModel, self).__init__()
# 定义单层神经网络（输入为1维，输出为5维）
self.linear = Dense(5)

# 定义网络前向传播的流程
def call(self, x):
y_pred = self.linear(x)
return y_pred
```

（3）PyTorch的优势是简洁、易用、社区活跃，在学术界颇受欢迎，但对比TensorFlow，其全面性略有不足。PyTorch实现单层神经网络代码如下。

```
import torch.nn as nn

# 定义模型类
class LinerModel(nn.Module):
# 定义网络需要的运算
def __init__(self):
super(LinerModel, self).__init__()
# 定义单层神经网络（输入为1维，输出为5维）
self.linear = nn.Linear(1, 5)

# 定义网络前向传播的流程
def forward(self, x):
y_pred = self.linear(x)
return y_pred
```

表3.2对各框架进行了效率、灵活性等方面的比较。实际开发选择框架时，应该首先考虑业务场景。如果需要快速构建一个模型，建议使用MindSpore。如果要构建一个计算效率高的模型，TensorFlow和PyTorch这两个框架都被广泛使用。

表3.2 各框架对比

框架	维护者	底层语言	接口语言	效率	灵活性
MindSpore	HUAWEI	C++、Python	C++、Python、Java等	高	好
TensorFlow	Google	C++、Python	C++、Python、Java等	中等	好
PyTorch	FAIR	Python	C++、Python	高	好
Caffe	BVLC	C++	C++、Python、Matlab	高	一般
MxNet	DMLC	C++	C++、Python、Julia、R等	高	好

小结

深度学习框架的出现降低了人工智能应用的门槛，从业者不需要从复杂的神经网络开始编写代码，根据需求选择已有的模型，并通过训练得到模型参数。也可以在已有模型的基础上增加网络层，或者根据需要选择分类器和优化算法（比如常用的梯度下降法）。当然没有完美的框架，就像一套积木里大概率没有你正好需要的那一块积木，所以不同的框架适用的领域也不相同。总的来说，深度学习框架提供了一系列深度学习的组件，当需要使用新的算法时可以自己去定义，然后调用深度学习框架的函数接口使用自定义的新算法。

自2012年AlexNet横空出世，一举夺得ImageNet比赛冠军，再随着大数据和GPU的发展，深度学习热浪呈排山倒海之势汹涌前进，同时也促进了深度学习开源框架的蓬勃发展。如今，深度学习框架百花齐放，快速推动了深度学习技术在工业界的落地应用。MindSpore作为国内自主研发的人工智能框架，为用户提供了许多友好且优质的开发体验。同时，MindSpore作为一个全场景的深度学习框架，旨在实现易开发、高效执行、全场景覆盖三大目标，让开发者更专注于人工智能应用的创造。

习题

1. 相比直接执行计算，创建计算图的最大优点是什么？最大的缺点是什么？
2. 如果对一个依赖于占位符的操作求值，但是又没有为其传值，会发生什么？如果这个操作不依赖于占位符，求值会有什么结果呢？
3. 在执行期，如何为一个变量设置任意的值？
4. PyTorch如何微调fineturning模型？
5. MindSpore调试器是为图模式训练提供的调试工具，其具体功能有哪些？
6. 请使用MindSpore实现线性回归算法。
7. 请使用MindSpore实现拟合直线。
8. 导出LeNet网络的MindIR格式模型。

第4章 MindSpore实践

4.1 概述

与绝大部分框架一致，MindSpore深度框架中主要包含两个部分，即训练（Training）和推理（Inference），如图4.1所示。如果将神经网络看作人，神经网络的"训练"便可视为人在学校里学习。更具体地说，经过训练的神经网络可以将其所学到的知识应用于现实世界的任务——图像识别、图像分割、语言翻译等各种各样的应用。而神经网络基于其所训练的内容对新数据进行预测推导的过程就是推理。

本章结合MindSpore框架，以经典卷积神经网络LeNet为对象介绍卷积网络中各个模块的概念、作用及其MindSpore实现。

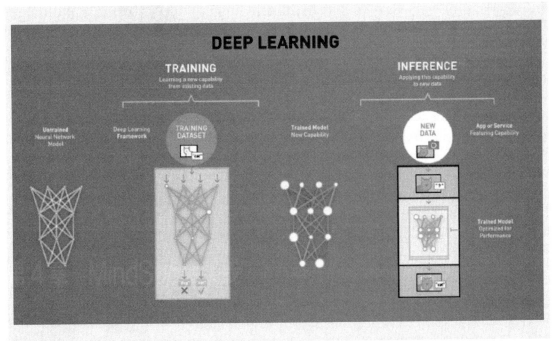

图4.1 训练和推理

4.2 数据

4.2.1 张量

张量（Tensor）是几何代数中向量和矩阵的推广。在神经网络中张量是主要的数据结构，数据的输入、输出和变换都由张量表示。从数学实例来看，张量可以视作多维数组，而维度的大小就称为张量的轴。如图4.2所示，常用的张量数据如下。

● 标量（0维张量）：仅包含一个数值的张量。在Numpy中，一个float32或float64的数值就是一个标量张量。

● 向量（1维张量）：数值组成的数组。一维张量只有一个轴。

● 矩阵（2维张量）：向量组成的数组。矩阵有两个轴，通常叫做行和列。可以将矩阵直观地理解为数值组成的矩形网络。

● 更高维张量：将多个矩阵合成一个新的数组，可以得到一个3维张量。可以将它直观地理解为数值组成的立方体。以此类推可以得到更高维的张量，在深度学习中一般处理0~4维张量，但处理视频数据时可能会用到5维张量。

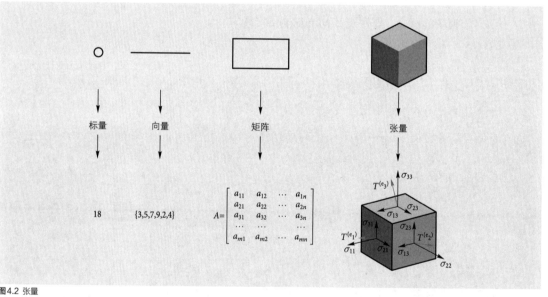

图4.2 张量

在MindSpore中张量是一种简洁而强大的数据结构，非常适合进行矩阵类的数值计算。张量最重要的属性是数据类型与数值，构建一个张量需传入参数input_data和dtype。其中参数input_data是指传入要将它构造成张量的数据类型，可以传入Tensor、int、Numpy.array等，而dtype是指构造的张量的数据类型。不指定dtype时初始数据将默认转化为mindspore.int32、mindspore.float64等对应类型。

　　张量之间有很多运算，包括算术、线性代数、矩阵处理（转置、标引、切片）、采样等。在神经网络的计算过程中一般会涉及高阶矩阵即多维张量，考虑到网络多输入的需求，往往需要将多个张量合并、连接后输入至网络中。下面着重展示连接操作Concat、合并操作Stack以及转换操作。

```
import numpy as np
from mindspore import Tensor
from mindspore import dtype as mstype
from mindspore.ops import operations as ops
def init_Tensor():
    a = Tensor(input_data = np.array([[1, 2], [3, 4]]), dtype = mstype.int32)
    b = Tensor(1.0, mstype.int32)
    c = Tensor(2)
    d = Tensor(True, mstype.bool_)
    e = Tensor((1, 2, 3), mstype.int16)
    f = Tensor(Tensor(1.0), mstype.float64)
    print(a, '\t', b, '\t', c, '\n', d, '\t', e, '\t', f)


def compute_Tensor():
    data1 = Tensor(np.array([[0, 1], [2, 3]]).astype(np.float32))
    data2 = Tensor(np.array([[4, 5], [6, 7]]).astype(np.float32))


    mul = ops.Mul()
    output_mul = mul(data1, data2)
    # 对于合并和连接操作，输入数据需要以列表或元组的形式执行操作
    con = ops.Concat()
    output_con = con((data1, data2))
    sta = ops.Stack()
    output_sta = sta([data1, data2])


    print('Mul操作 \t\tConcat操作 \t\tStack操作 \n',
          output_mul,'\t\t',output_con,'\t\t',output_sta)
```

076

```
if __name__ == '__main__':
    print("初始化Tensor")
    init_Tensor()
    print("Tensor之间的运算")
    compute_Tensor()
```

```
初始化Tensor
[[1, 2]      1      2
 [3, 4]]
True    [1,2,3] 1.0
Tensor之间的运算
Mul操作      Concat操作      Stack操作
[[0., 5.]     [[0. 1.]        [[[0. 1.]
 [12., 21.]]   [2. 3.]          [2. 3.]]
               [4. 5.]         [[4. 5.]
               [6. 7.]]         [6. 7.]]]
```

4.2.2　数据集

MindSpore提供了部分常用数据集和标准格式数据集的加载接口，用户可以直接使用mindspore.dataset中对应的数据集加载类进行数据加载。对于目前MindSpore不支持直接加载的数据集，可以构造自定义数据集类，自定义数据集类需实现__getitem__函数与__len__函数以满足数据迭代要求，然后通过GeneratorDataset接口便可实现自定义方式的数据加载。

数据集类为用户提供了如打乱数据、分批等常用的预处理接口，使得用户能够快速进行数据处理操作。小批梯度下降法（Mini-Batch Gradient Decent）使用一个批次中的一组数据共同决定本次梯度方向，不仅提升了计算速度，同时保证了网络参数的收敛性。

MindSpore提供了create_dict_iterator接口用于从数据集中加载数据。通过创建迭代器，迭代获得数据。通过自定义数据集和create_dict_iterator接口，便可完成训练神经网络的第一步——数据加载及其预处理。

```python
import mindspore.dataset as ds
import numpy as np

np.random.seed(58)
class DatasetGenerator:
    '''
    用户自定义数据集类需实现__getitem__函数与__len__函数
    __len__:  使迭代器能够获得数据总量
    __getitem__:  能够根据给定的索引值index,获取数据集中的数据并返回。
    '''
    def __init__(self):
        self.data = np.random.sample((5, 2))
        self.label = np.random.sample((5, 1))

    def __getitem__(self, index):
        return self.data[index], self.label[index]

    def __len__(self):
        return len(self.data)


def buildDS_from_MindSpore():
    # 需提前下载cifar10数据集
    DATA_DIR = "/your/path/to/cifar10/train"
    sampler = ds.SequentialSampler(num_samples=5)
    dataset = ds.Cifar10Dataset(DATA_DIR, sampler=sampler)
    return dataset


def buildDS_from_Customer():
    dataset_generator = DatasetGenerator()
    dataset = ds.GeneratorDataset(dataset_generator, ["data", "label"], shuffle=
```

```
        False)
    return dataset


def preprocessing(dataset):
    ds.config.set_seed(58)
    # 随机打乱数据顺序
    dataset = dataset.shuffle(buffer_size=10)
    # 对数据集进行分批
    dataset = dataset.batch(batch_size=2)
    return dataset


if __name__ == '__main__':
    print("常见数据集")
    dataset1 = buildDS_from_MindSpore()
    for data in dataset1.create_dict_iterator():
        print("Image shape: {}".format(data['image'].shape), ", Label: {}".
            format(data['label']))


    print("自定义数据集")
    dataset2 = buildDS_from_Customer()
    for data in dataset2.create_dict_iterator():
        print('{}'.format(data["data"]), '{}'.format(data["label"]))


    print("打乱数据集")
    dataset2 = preprocessing(dataset2)
    for data in dataset2.create_dict_iterator():
        print("data: {}".format(data["data"]))
        print("label: {}".format(data["label"]))
```

```
常见数据集
Image shape: (32, 32, 3) , Label: 6
Image shape: (32, 32, 3) , Label: 9
Image shape: (32, 32, 3) , Label: 9
Image shape: (32, 32, 3) , Label: 4
Image shape: (32, 32, 3) , Label: 1
自定义数据集
[0.36510558 0.45120592] [0.78888122]
[0.49606035 0.07562207] [0.38068183]
[0.57176158 0.28963401] [0.16271622]
[0.30880446 0.37487617] [0.54738768]
[0.81585667 0.96883469] [0.77994068]
打乱数据集
data: [[0.36510558 0.45120592]
  [0.57176158 0.28963401]]
label: [[0.78888122]
  [0.16271622]]
data: [[0.30880446 0.37487617]
  [0.49606035 0.07562207]]
label: [[0.54738768]
  [0.38068183]]
data: [[0.81585667 0.96883469]]
label: [[0.77994068]]
```

4.3 模型模块

　　常见的卷积神经网络结构由卷积层、激活函数、池化层、平坦层和全连接层组成。MindSpore中Cell类是构建所有神经网络的基类，也是神经网络的基本单元，因此当用户需要自定义神经网络结构时，需要继承Cell类，并重写__init__方法和

construct方法。mindspore.nn提供了各种神经网络基础模块，通过实例化基础模块与前向网络函数construct便可实现自定义神经网络结构。

4.3.1 卷积层

卷积层（Convolutional Layer）通过定义卷积核，对数据进行卷积运算从而提取特征，在神经网络发展的早期阶段，卷积层通常扮演着滤波器的角色。不难看出，不同的卷积核参数能够提取出不同的数据特征并滤除其他无关特征。

MindSpore定义nn.conv2d（nn.conv3d）为2D（3D）卷积函数，使用该函数时需显式给出输入通道in_channels、输出通道out_channels与卷积核大小kernel_size。步长stride默认值为1，填充模式pad_mode默认为"same"。一张图像经过一个卷积核卷积处理后可以获得一个特征图。因此在卷积层中，卷积核的数量决定了特征图的数量，即输出结果的通道数，卷积操作如图4.3所示。而步长决定了卷积核每次移动的距离，卷积步长与卷积核大小、填充模式共同决定了输出图像的尺寸大小。

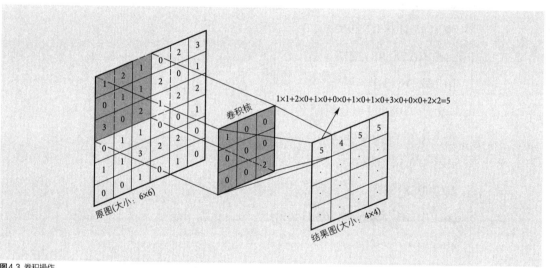

图4.3 卷积操作

4.3.2 激活函数

激活函数（Activation Function）就是在人工神经网络的神经元上运行的函数，负责将神经元的输入映射到输出端。激活函数对于人工神经网络模型去学习、理解非常复杂和非线性的函数来说具有十分重要的作用。如果不用激活函数，每一层输出都是上层输入的线性函数，无论神经网络有多少层，输出都是输入的线性组合，这种情况就是最原始的感知机，无论多深的神经网络仍然等价于线性变换，无法解决异或问题这种非线性问题。在引入激活函数后，神经网络加入了非线性因素，理论上可以逼近任何非线性函数，从而解决非线性问题。

常见的激活函数有Sigmoid函数、Tanh函数、ReLU函数和LeakyReLU函数，等等。具体选用哪种激活函数需要根据具体问题决定。MindSpore 的nn 模块提供了常见的各种激活函数。需要指出的是，激活函数参数无法训练，在梯度下降的过程中也只起到传播误差的作用。

1. Sigmoid函数

Sigmoid函数平滑、易于求导，可以将实数映射到（0，1）内，如图4.4所示。早期的神经网络大多选用Sigmoid函数。但随着网络层数的增加，Sigmoid函数中的指数运算会大大降低网络的计算速度；此外Sigmoid的输出不服从0均值分布，非0均值的信号作为后一层的神经元的输入时会降低权重更新的效率。更严重的是，由于Sigmoid函数映射区间处于（0，1），链式法则的特性会导致梯度在传播过程中逐渐缩小，网络深度越深这种连锁反应越明显，越靠近输入层梯度越小，这种现象被称为梯度消失。梯度消失带来的影响使得靠近输入层的参数几乎不能被更新，靠近输入层的网络层的预测误差有可能会被逐渐放大，从而使得网络无法训练。

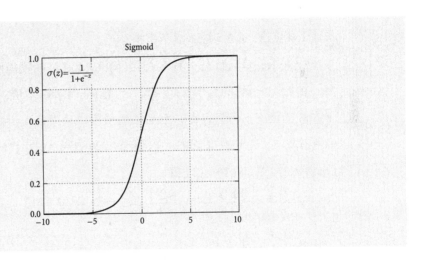

图4.4 Sigmoid激活函数

2. Tanh函数

Tanh函数的出现解决了Sigmoid函数输出不以0为中心，以及收敛变慢的问题，相对于Sigmoid提高了收敛速度。Tanh激活函数如图4.5所示。但与Sigmoid相似，Tanh函数的计算过程过于复杂，同时有限的映射空间（−1，1）使得梯度消失的问题仍然存在。

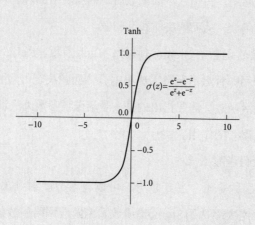

图4.5 Tanh 激活函数

3. ReLU 函数与 LeakyReLU 函数

ReLU 函数的分段操作被称为单侧抑制，单侧抑制使得神经网络中的神经元也具有了稀疏激活性。通过 ReLU 函数实现稀疏后的模型能够更好地挖掘相关特征，拟合训练数据。相比其他激活函数来说，ReLU 的表达能力更强；同时梯度常值一定程度上解决了梯度消失问题。但当 ReLU 的输入值为负时，函数梯度值为0，此时神经元参数无法更新，这种现象称为静默神经元。

LeakyReLU 函数是一种专门用于解决 ReLU 函数静默神经元问题的激活函数，在 ReLU 函数的负半区间引入一个泄露（Leaky）值，这会使得神经元即便处于未激活状态，仍会存在一个很小的梯度。从理论上讲，LeakyReLU 具有 ReLU 的所有优点，而且减少了静默神经元的发生概率，但在实际操作中，尚未完全证明 LeakyReLU 总是比 ReLU 更好。

ReLU 激活函数和 LeakyReLU 激活函数如图4.6所示。

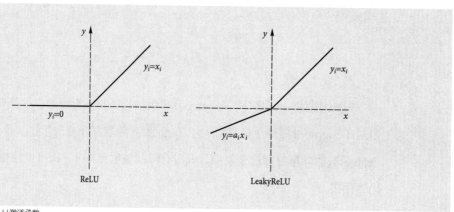

图4.6 ReLU 与 LeakyReLU 激活函数

MindSpore中相关激活函数实现如下所示。

```python
import numpy as np
import mindspore
import mindspore.nn as nn
from mindspore import Tensor


def Activation( ):
    sigmoid = nn.Sigmoid( )
    tanh = nn.Tanh( )
    relu = nn.ReLU( )
    leakyrelu = nn.LeakyReLU(0.2)
    input_x = Tensor(np.array([-1, 2, -3, 2, -1]), mindspore.float32)
    output_s = sigmoid(input_x)
    output_t = tanh(input_x)
    output_r = relu(input_x)
    output_lr = leakyrelu(input_x)
    print('sigmoid\t', output_s, "\n", 'tanh\t', output_t, "\n",
            'relu\t', output_r, "\n",'leakyrelu\t', output_lr)


if __name__ == '__main__':
    print("常见的激活函数")
    Activation()
```

```
常见的激活函数
sigmoid [0,26894143 0,880797 0,04742587 0,880797 0,26894143]
tanh    [-0,7615942 0.9640276 -0.9950548 0.9640276 -0.7615942]
relu    [0. 2. 0.2. 0.]
leakyrelu   [-0.2 2. -0.6 2. -0.2]
```

4.3.3　池化层

池化（Pooling）层也叫下采样层，通常在卷积层之后，用于压缩数据特征。池化层不仅可以提高计算速度，还可以减小过拟合，从而提高卷积层所提取特征的健壮性。

常见的池化函数为最大池化与平均池化，如图 4.7 所示。其具体操作与卷积层的操作基本相同，也存在步长、卷积核大小等参数，但池化层的卷积核只起到取对应位置的最大值或平均值的作用，同时参数无需训练。在图像处理中，最大池化常常用于提取图像的特征纹理，而平均池化则更多用于提取图像背景信息。

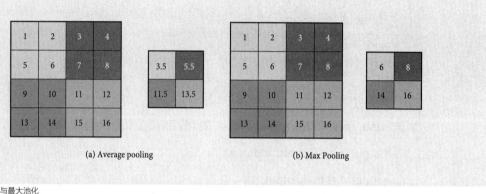

(a) Average pooling　　　　　　　　(b) Max Pooling

图4.7 平均池化与最大池化

MindSpore 中池化层代码如下所示。

```python
import numpy as np
import mindspore
import mindspore.nn as nn
from mindspore import Tensor


def Pooling():
    max_pool2d = nn.MaxPool2d(kernel_size=2, stride=2)
    avg_pool2d = nn.AvgPool2d(kernel_size=2, stride=2)
    input_x = Tensor(np.array([[[[1, 2, 3, 4],
                                 [1, 2, 3, 4],
                                 [1, 2, 3, 4],
                                 [1, 2, 3, 4]]]]), mindspore.float32)
    # 对于2D池化, 输入Tensor的维度需为4
    # 形如[B,C,W,H]
```

```
    # B: 批数 batchsize
    # C: 通道数 channels
    # W: 宽度 width
    # H: 高度 height
    output_max = max_pool2d(input_x)
    output_avg = avg_pool2d(input_x)
    print("max_pool2d\n", output_max, "\navg_pool2d\n", output_avg)


if __name__ == '__main__':
    print("常见的池化层")
    Pooling()
```

```
max_pool2d
[[[[2. 4.]
   [2. 4.]]]]
avg_pool2d
[[[[1.5 3.5]
   [1.5 3.5]]]]
```

4.3.4 全连接层

全连接（Dense）层通过对输入矩阵进行线性变换从而改变 Tensor 的维度，如图 4.8 所示。通常与 Flatten 层配合使用。

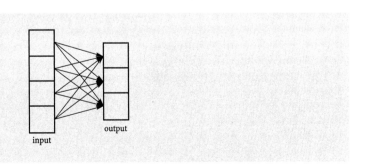

图4.8 Dense 层

MindSpore中全连接层代码如下所示。

```
import numpy as np

import mindspore

import mindspore.nn as nn

from mindspore import Tensor


def Dense( ):

    dense = nn.Dense(400, 120, weight_init='normal')

    input_x = Tensor(np.ones([1, 400]), mindspore.float32)

    output = dense(input_x)

    return output.shape


if __name__ == '__main__':

    print("Dense层",Dense())
```

Dense层 (1, 120)

4.3.5 平坦层

平坦（Flatten）层用来将输入"压平"，即把多维的输入一维化，如图4.9所示。平坦层常用于卷积层到全连接层的过渡。例如维度为 [W, H, C] 的张量经过平坦层处理后，会转换为长度为 W*H*C 的一维张量。

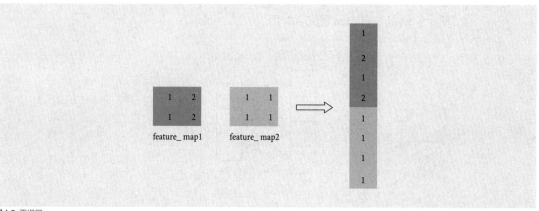

图4.9 平坦层

MindSpore中平坦层代码如下所示。

```
import numpy as np
import mindspore
import mindspore.nn as nn
from mindspore import Tensor


def Flatten( ):
    flatten = nn.Flatten( )
    input_x = Tensor(np.ones([1, 16, 5, 5]), mindspore.float32)
    output = flatten(input_x)
    return output.shape


if __name__ == '__main__':
    print("flatten层", Flatten( ))
```

```
flatten层 (1, 400)
```

4.3.6　自定义网络

自定义神经网络结构时，网络类需要继承Cell类并重写__init__方法和construct方法。其中__init__函数用于实现父类初始化，而construct函数用于定义网络的前向传播方式。实例化网络后，网络各层参数会自动初始化，这些权重和偏置

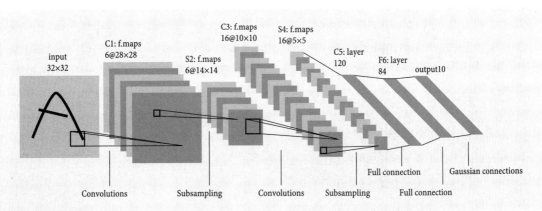

图4.10 LeNet网络结构

参数会在之后的训练中逐渐优化。可以通过使用parameters_and_names( )方法访问所有参数。LeNet网络结构如图4.10所示。

```python
# mynetwork.py
import numpy as np
import mindspore
import mindspore.nn as nn
from mindspore import Tensor


class LeNet5(nn.Cell):
    '''
    LeNet网络结构
    '''
    def __init__(self, num_class=10, num_channel=1):
        super(LeNet5, self).__init__()
        # 定义所需要的运算
        self.conv1 = nn.Conv2d(num_channel, 6, 5, pad_mode='valid')
        self.conv2 = nn.Conv2d(6, 16, 5, pad_mode='valid')
        self.fc1 = nn.Dense(16 * 5 * 5, 120)
        self.fc2 = nn.Dense(120, 84)
        self.fc3 = nn.Dense(84, num_class)
        self.relu = nn.ReLU()
        self.max_pool2d = nn.MaxPool2d(kernel_size=2, stride=2)
        self.flatten = nn.Flatten()
    def construct(self, x):
        # 使用定义好的运算构建前向网络
        x = self.conv1(x)
        x = self.relu(x)
        x = self.max_pool2d(x)
        x = self.conv2(x)
        x = self.relu(x)
        x = self.max_pool2d(x)
```

```
        x = self.flatten(x)

        x = self.fc1(x)

        x = self.relu(x)

        x = self.fc2(x)

        x = self.relu(x)

        x = self.fc3(x)

        return x


if __name__ == '__main__':

    model = LeNet5()

    print("打印模型参数")

    for m in model.parameters_and_names():

        print(m)
```

```
# 打印模型参数

('conv1.weight', Parameter (name=conv1.weight, shape=(6, 1, 5, 5), dtype=
    Float32, requires_grad=True))

('conv2.weight', Parameter (name=conv2.weight, shape=(16, 6, 5, 5), dtype=
    Float32, requires_grad=True))

('fc1.weight', Parameter (name=fc1.weight, shape=(120, 400), dtype=Float32,
    requires_grad=True))

('fc1.bias', Parameter (name=fc1.bias, shape=(120,), dtype=Float32,
    requires_grad=True))

('fc2.weight', Parameter (name=fc2.weight, shape=(84, 120), dtype=Float32,
    requires_grad=True))

('fc2.bias', Parameter (name=fc2.bias, shape=(84,), dtype=Float32,
    requires_grad=True))

('fc3.weight', Parameter (name=fc3.weight, shape=(10, 84), dtype=Float32,
    requires_grad=True))

('fc3.bias', Parameter (name=fc3.bias, shape=(10,), dtype=Float32,
```

```
requires_grad=True))
```

4.4 数据归一化

训练深度网络时，神经网络隐藏层的参数更新会导致网络输出层输出数据的分布发生变化，而且随着层数的增加，根据链式规则，这种偏移现象会逐渐被放大。这对于网络参数学习来说是个问题。神经网络学习的本质就是学习数据分布，如果数据分布变化了，神经网络又不得不学习新的分布。为保证网络参数训练的稳定性和收敛性，往往需要选择比较小的学习率，同时参数初始化的好坏也明显影响训练出的模型的精度，特别是训练具有饱和非线性（死区特性）的网络。因此数据归一化操作极其重要。当然，如果只是对输入的数据进行归一化处理（比如将输入的图像除以255，将其归到0到1之间），只能保证输入层数据分布是一样的，并不能保证每层网络输入数据分布是一样的，所以也需要在神经网络的中间层进行归一化处理。下面主要介绍图像领域中常用的批归一化（Batch Normalization，BN）和例归一化（Insance Normalization，IN）。

批归一化是每次训练时在mini-batch维度上对隐藏层进行归一化，通过参数在量级和尺度上做约束，缓和过拟合情况。批归一化的思想就是将激活前隐藏层的值x变为BN(x)，x减去均值除以标准差，这样隐藏层状态不再发散，之后的激活值也更规范，但有时候处理完之后的分布不一定是人们想要的，因为这样的规范反而会使网络表达能力下降，所以需要乘上缩放系数γ，加上偏移β，批归一化主要思想如图4.11所示。

Input: Values of x over a mini-batch: $\mathcal{B} = \{x_{1...m}\}$;
Parameters to be learned: γ, β
Output: $\{y_i = \text{BN}_{\gamma,\beta}(x_i)\}$

$$\mu_{\mathcal{B}} \leftarrow \frac{1}{m}\sum_{i=1}^{m} x_i \qquad // \text{ mini-batch 均值}$$

$$\sigma_{\mathcal{B}}^2 \leftarrow \frac{1}{m}\sum_{i=1}^{m} (x_i - \mu_{\mathcal{B}})^2 \qquad // \text{ mini-batch 方差}$$

$$\widehat{x}_i \leftarrow \frac{x_i - \mu_{\mathcal{B}}}{\sqrt{\sigma_{\mathcal{B}}^2 + \epsilon}} \qquad // \text{ 归一化}$$

$$y_i \leftarrow \gamma \widehat{x}_i + \beta \equiv \text{BN}_{\gamma,\beta}(x_i) \qquad // \text{平移和缩放}$$

图4.11 批归一化主要思想

批归一化的出现不仅极大提升了训练速度，使得收敛过程大大加快，而且还能增加分类效果，即类似于Dropout的一种防止过拟合的正则化表达方式达到的效果。另外调参过程也简单多了，对于初始化要求没那么高，而且可以使用大的学习率等。但批归一化的效果严重依赖于超参batchsize的大小。当batchsize较小时，模型性能会明显恶化，而对于一个比较大的模型，由于显存限制，batchsize不能很大，这时候批归一化层可能会成为一种限制。

在诸如风格迁移等注重每个像素的任务来说，每个样本的每个像素点的信息都是非常重要的，此时批归一化就不太适用了，因为计算归一化统计量时考虑了一个批量中所有数据的内容，从而造成了每个样本独特细节的丢失。例归一化可以通过对数据得到H和W方向继续进行归一化，并保持每个图像实例之间的独立。

4.5　损失函数

构建网络结构后便可实现网络的前向计算，得到模型预测值。至此已经完成了网络训练的一半流程——前向传播。为了优化网络参数，还需将与预测值与真实值的误差反向传播。损失函数便是用来评价模型的预测值和真实值不一样的程度，损失函数越好，通常模型最终的性能也越好。不同的模型用的损失函数往往需要根据实际问题决定。

损失函数分为经验风险损失函数和结构风险损失函数。经验风险损失函数指预测结果和实际结果的差别，而结构风险损失函数是经验风险损失函数加上正则项而得到的。在模型训练过程中，可考虑调整经验风险损失和结构风险损失的系数以达到更优的收敛结果。

MindSpore提供了大部分常用的损失函数，如L1Loss、BCELoss、MSELoss和SmoothL1Loss等。

MindSpore中损失函数代码如下所示。

```python
import numpy as np
import mindspore.nn as nn
from mindspore import Tensor


def LOSS(output_data, target_data):
    L1loss = nn.L1Loss()
```

```
    MSELoss = nn.MSELoss( )
    print("L1loss", L1loss(output_data, target_data))
    print("MSELoss", MSELoss(output_data, target_data))



if _ _name_ _ = = ' _ _main_ _':
    output_data = Tensor(np.array([[1, 2, 3], [2, 3, 4]]).astype(np.float32))
    target_data = Tensor(np.array([[0, 2, 5], [3, 1, 1]]).astype(np.float32))
    LOSS(output_data, target_data)
```

```
L1loss 1.5
MSELoss 3.1666667
```

4.6 优化器

得到模型预测误差后，需要通过梯度下降将其反向传播以优化参数。MindSpore 封装了各种常见的用于计算和更新梯度的优化器（Optimizer），如 Momentum、ADAM。模型优化算法的选择直接关系到最终模型的性能，如果有时候效果不好，未必是特征或者模型设计的问题，很有可能是优化算法的问题。

MindSpore 所有优化逻辑都封装在对象中，这个对象能够保持当前参数状态并基于计算得到的梯度进行参数更新。构建优化器时需要传入参数迭代器，如网络中所有可以训练的参数，将 params 设置为 net.trainable_params( ) 即可。随后可设置优化器的参数选项，比如学习率、权重衰减等。

```
from mindspore import nn
from mynetwork import LeNet5
optim = nn.SGD(params=LeNet5.trainable_params( ), learning_rate=0.1)
optim = nn.Adam(params=LeNet5.trainable_params( ), learning_rate=0.1)
```

4.7　训练

MindSpore框架支持3种设备，分别为CPU、GPU与华为Ascend芯片，可根据具体情况自行选用合适的设备进行训练，使用CPU训练的代码如下。

```
import mindspore.dataset as ds
import mindspore.dataset.transforms.c_transforms as C
import mindspore.dataset.vision.c_transforms as CV
from mindspore import nn, Tensor, Model
from mindspore import dtype as mstype
from mindspore.train.callback import ModelCheckpoint, CheckpointConfig
from mindspore import context
from mynetwork import LeNet5


# 使用CPU训练，若想改用GPU训练只需修改device_target. MindSpore支持
    "Ascend", "GPU" 与 "CPU"
context.set_context(mode=context.GRAPH_MODE, device_target="CPU")
DATA_DIR = "your/path/tp/cifar10/train"
net = LeNet5( )
# 定义学习率等超参
epochs = 5
batch_size = 64
learning_rate = 1e-3


# 构建数据集
sampler = ds.SequentialSampler(num_samples=128)
dataset = ds.Cifar10Dataset(DATA_DIR, sampler=sampler)


# 数据类型转换
type_cast_op_image = C.TypeCast(mstype.float32)
type_cast_op_label = C.TypeCast(mstype.int32)
HWC2CHW = CV.HWC2CHW( )
```

```
dataset = dataset.map(operations=[type_cast_op_image, HWC2CHW], input_
    columns="image")
dataset = dataset.map(operations=type_cast_op_label, input_columns="label")
dataset = dataset.batch(batch_size)


# 定义超参、损失函数及优化器
optim = nn.SGD(params=net.trainable_params( ), learning_rate=learning_rate)
loss = nn.SoftmaxCrossEntropyWithLogits(sparse=True, reduction='mean')


# 输入训练轮次和数据集进行训练
model = Model(net, loss_fn=loss, optimizer=optim)
model.train(epoch=epochs, train_dataset=dataset)
```

4.8　模型的保存与加载

在模型训练的过程中，考虑到不可抗因素，一般需要及时存储模型参数。MindSpore 的 Callback 回调机制允许模型训练时传入 ModelCheckpoint 对象用于保存模型参数，并生成 CheckPoint 文件。用户可以根据具体需求对保存频率、文件目录等参数进行配置。得到的 CheckPoint 文件，实际是对应模型的参数字典。加载模型权重时，需要先创建相同模型的实例，load_checkpoint 方法会把参数文件中的网络参数加载到字典 param_dict 中，而 load_param_into_net 方法则会将读取的字典加载至网络实例中。

```
# 定义回调对象与回调策略用于保存函数参数
config_ck = CheckpointConfig(save_checkpoint_steps=32, keep_checkpoint_
    max=10)
ckpt_cb = ModelCheckpoint(prefix='resnet50', directory=None, config=
    config_ckpt)
"'
```

```
save_checkpoint_steps: 每隔多少个step保存一次。
keep_checkpoint_max: 最多保留CheckPoint文件的数量。
prefix: 生成CheckPoint文件的前缀名。
directory: 存放文件的目录
'''
# 输入训练轮次和数据集进行训练
model.train(epoch=epochs, train_dataset=dataset, callbacks=ckpt_cb)
```

```
from mindspore import load_checkpoint, load_param_into_net


resnet = ResNet50( )
# 将模型参数存入parameter的字典中
param_dict = load_checkpoint("/path/to/ckpt.ckpt")
# 将参数加载到网络中
load_param_into_net(resnet, param_dict)
model = Model(resnet, loss, metrics={"accuracy"})
```

4.9　鸢尾花实验

本节主要实现鸢尾花数据在MindSpore框架下使用不同优化器的分类实验。旨在帮助读者了解如何使用MindSpore进行简单卷积神经网络的开发以及感受不同优化器的效果。

鸢尾花数据集最初由Edgar Anderson测量得到，而后由著名的统计学家与生物学家R.A Fisher用其作为线性判别分析的一个例子，证明分类的统计方法，从此而被众人所知。数据中的两类鸢尾花记录结果是在加拿大加斯帕半岛上，由同一个人于同一天的同一个时间段，使用相同的测量仪器测量出来的。这是一份有着70年历史的数据，虽然老，但是却很经典，详细数据集可以在UCI数据库中找到。

鸢尾花数据集共收集了三类鸢尾花，即Setosa鸢尾花、Versicolor鸢尾花和

Virginica鸢尾花，如图4.12所示，每一类鸢尾花收集了50条样本记录，共计150条。数据集包括4个属性，分别为花萼的长、花萼的宽、花瓣的长和花瓣的宽。4个属性的单位都是cm，属于数值变量，4个属性均不存在缺失值的情况，数据集数据类型如表4.1所示。

Setosa鸢尾花　　　　Virginica 鸢尾花　　　　Versicolor鸢尾花

图4.12 三类鸢尾花

表4.1 数据集数据类型

列名	说明	类型
SepalLength	花萼长度	float
SepalWidth	花萼宽度	float
PetalLength	花瓣长度	float
PetalWidth	花瓣宽度	float
Class	类别变量；0表示山鸢尾，1表示变色鸢尾，2表示维吉尼亚鸢尾	int

在利用神经网络框架实现网络任务时，可以通过撰写配置文件去定义诸如批大小、文件路径、学习率和优化器等变量。通过读取配置文件获得数据集路径，定义训练数据集与测试数据集。其中训练数据集包含数据120条，测试集30条，代码如下所示。

```
cfg = edict({
    'data_size': 150,
    'train_size': 120,      #训练集大小
    'test_size': 30 ,      #测试集大小
    'feature_number': 4,     #输入特征数
    'num_class': 3,      #分类类别
    'batch_size': 30,
    'data_dir': 'iris.data',
```

```
  'save_checkpoint_steps': 5,                    #多少步保存一次模型
  'keep_checkpoint_max': 1,                      #最多保存多少个模型
  'out_dir_no_opt': './model_iris/no_opt',       #保存模型路径, 无优化器模型
  'out_dir_sgd': './model_iris/sgd',             #保存模型路径, SGD优化器模型
  'out_dir_momentum': './model_iris/momentum',   #保存模型路径, momentum模型
  'out_dir_adam': './model_iris/adam',           #保存模型路径, adam优化器模型
  'output_prefix': "checkpoint_fashion_forward"  #保存模型文件名
})


# 将数据集分为训练集120条, 测试集30条。
train_idx = np.random.choice(cfg.data_size, cfg.train_size, replace=False)
test_idx = np.array(list(set(range(cfg.data_size)) - set(train_idx)))
X_train, Y_train = X[train_idx], Y[train_idx]
X_test, Y_test = X[test_idx], Y[test_idx]


def gen_data(X_train, Y_train, epoch_size):
    XY_train = list(zip(X_train, Y_train))
    ds_train = dataset.GeneratorDataset(XY_train, ['x', 'y'])
    ds_train = ds_train.shuffle(buffer_size=cfg.train_size).batch(cfg.batch_size
        , drop_remainder=True)
    XY_test = list(zip(X_test, Y_test))
    ds_test = dataset.GeneratorDataset(XY_test, ['x', 'y'])
    ds_test = ds_test.shuffle(buffer_size=cfg.test_size).batch(cfg.test_size,
        drop_remainder=True)
    return ds_train, ds_test
```

　　导入必需包后, 选用经典的交叉熵损失作为模型损失函数, 定义训练、测试以及预测过程。训练函数传入模型实例, 优化器、数据集等参数, 代码如下所示。

```
import csv
import os
```

```python
import time

import numpy as np
from easydict import EasyDict as edict
from matplotlib import pyplot as plt

import mindspore
from mindspore import nn
from mindspore import context
from mindspore import dataset
from mindspore.train.callback import TimeMonitor, LossMonitor
from mindspore import Tensor
from mindspore.train.callback import ModelCheckpoint, CheckpointConfig
from mindspore.train import Model

context.set_context(mode=context.GRAPH_MODE, device_target="Ascend")

# 训练
def train(network, net_opt, ds_train, prefix, directory, print_times):
    net_loss = nn.SoftmaxCrossEntropyWithLogits(is_grad=False, sparse=True,
        reduction="mean")
    model = Model(network, loss_fn=net_loss, optimizer=net_opt, metrics={"acc"})
    loss_cb = LossMonitor(per_print_times=print_times)
    config_ck = CheckpointConfig(save_checkpoint_steps=cfg.save_checkpoint_
        steps, keep_checkpoint_max=cfg.keep_checkpoint_max)
    ckpoint_cb = ModelCheckpoint(prefix=prefix, directory=directory, config=
        config_ck)
    print("============== Starting Training ==============")
    model.train(epoch_size, ds_train, callbacks=[ckpoint_cb, loss_cb],
        dataset_sink_mode=False)
    return model
```

```
# 评估预测
def eval_predict(model, ds_test):
    # 使用测试集评估模型，打印总体准确率
    metric = model.eval(ds_test, dataset_sink_mode=False)
    print(metric)
    # 预测
    test_ = ds_test.create_dict_iterator( ).get_next( )
    test = Tensor(test_['x'], mindspore.float32)
    predictions = model.predict(test)
    predictions = predictions.asnumpy( )
    for i in range(10):
        p_np = predictions[i, :]
        p_list = p_np.tolist( )
        print('第' + str(i) + '个sample预测结果:', p_list.index(max(p_list)), '
                真实结果:', test_['y'][i])
```

分别选用无优化器、SGD优化器、Momentum优化器以及Adam优化器进行训练和测试。从损失上可以看出，无优化器训练loss基本没有发生变化，测试结果效果差。多运行几次发现结果偏差太大，读者可以自己尝试。而SGD优化器loss下降速度很慢，而且在接近收敛处loss下降非常缓慢。增大学习率，减少迭代次数，会出现收敛到局部最优解的情况。Momentum优化器loss下降速度较快，充分说明Momentum优化器改进了SGD收敛速度慢的问题。改变参数，比较不同学习率和迭代次数的结果，会发现该优化器稳定性很强，学习率容易选择。相比SGD优化器更容易调参。Adam优化器loss下降速度最快，只需要15个轮次就可以达到收敛。改变模型学习率多训练几次，会发现Adam优化器可以适应不同的学习率，参数容易调节，代码如下所示。

```
# -------------- 无优化器 ---------------------
epoch_size = 20
print('------------------ 无优化器 -------------------------')
# 数据
```

```
ds_train, ds_test = gen_data(X_train, Y_train, epoch_size)
# 定义网络并训练
network = nn.Dense(cfg.feature_number, cfg.num_class)
model = train(network, None, ds_train, "checkpoint_no_opt", cfg.out_dir_no_opt,
    4)
# 评估预测
eval_predict(model, ds_test)
```

```
------------------无优化器-------------------------
=============== Starting Training ===============
epoch: 1 step: 4, loss is 1.099119
epoch: 2 step: 4, loss is 1.0986137
epoch: 3 step: 4, loss is 1.0915024
epoch: 4 step: 4, loss is 1.0733328
epoch: 5 step: 4, loss is 1.0819128
epoch: 6 step: 4, loss is 1.1016335
epoch: 7 step: 4, loss is 1.101129
epoch: 8 step: 4, loss is 1.0737724
epoch: 9 step: 4, loss is 1.0933018
epoch: 10 step: 4, loss is 1.0933993
epoch: 11 step: 4, loss is 1.063694
epoch: 12 step: 4, loss is 1.0799284
epoch: 13 step: 4, loss is 1.0820868
epoch: 14 step: 4, loss is 1.0834141
epoch: 15 step: 4, loss is 1.0789055
epoch: 16 step: 4, loss is 1.081816
epoch: 17 step: 4, loss is 1.0840713
epoch: 18 step: 4, loss is 1.0937498
epoch: 19 step: 4, loss is 1.0935693
epoch: 20 step: 4, loss is 1.0883517
```

```
{'acc': 0.36666666666666664}
第0个sample预测结果: 2    真实结果: 0
第1个sample预测结果: 2    真实结果: 0
第2个sample预测结果: 2    真实结果: 0
第3个sample预测结果: 2    真实结果: 1
第4个sample预测结果: 2    真实结果: 0
第5个sample预测结果: 2    真实结果: 0
第6个sample预测结果: 2    真实结果: 0
第7个sample预测结果: 2    真实结果: 0
第8个sample预测结果: 2    真实结果: 2
第9个sample预测结果: 2    真实结果: 0
```

```
# -----------------SGD---------------------
epoch_size = 200
lr = 0.01
print('-------------------SGD优化器----------------------')
# 数据
ds_train, ds_test = gen_data(X_train, Y_train, epoch_size)
# 定义网络并训练、测试、预测
network = nn.Dense(cfg.feature_number, cfg.num_class)
net_opt = nn.SGD(network.trainable_params( ), lr)
model = train(network, net_opt, ds_train, "checkpoint_sgd", cfg.out_dir_sgd,
    40)
# 评估预测
eval_predict(model, ds_test)
```

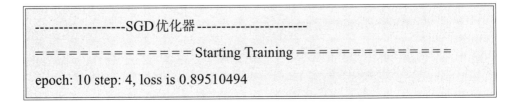

```
-------------------SGD优化器----------------------
= = = = = = = = = = = = Starting Training = = = = = = = = = = = = = =
epoch: 10 step: 4, loss is 0.89510494
```

epoch: 20 step: 4, loss is 0.75632095

epoch: 30 step: 4, loss is 0.6508981

epoch: 40 step: 4, loss is 0.66695356

epoch: 50 step: 4, loss is 0.568665

epoch: 60 step: 4, loss is 0.5630969

epoch: 70 step: 4, loss is 0.52990615

epoch: 80 step: 4, loss is 0.5494175

epoch: 90 step: 4, loss is 0.5097493

epoch: 100 step: 4, loss is 0.45089388

epoch: 110 step: 4, loss is 0.4442442

epoch: 120 step: 4, loss is 0.47102338

epoch: 130 step: 4, loss is 0.4603176

epoch: 140 step: 4, loss is 0.4400403

epoch: 150 step: 4, loss is 0.42114452

epoch: 160 step: 4, loss is 0.45897973

epoch: 170 step: 4, loss is 0.37725255

epoch: 180 step: 4, loss is 0.3870777

epoch: 190 step: 4, loss is 0.40343386

epoch: 200 step: 4, loss is 0.36648393

{'acc': 0.9333333333333333}

第0个sample预测结果：2　真实结果：0

第1个sample预测结果：2　真实结果：2

第2个sample预测结果：0　真实结果：0

第3个sample预测结果：2　真实结果：2

第4个sample预测结果：1　真实结果：2

第5个sample预测结果：2　真实结果：1

第6个sample预测结果：0　真实结果：0

第7个sample预测结果：1　真实结果：0

第8个sample预测结果：2　真实结果：1

第9个sample预测结果：1　真实结果：1

```
# ------------------Momentum------------------
epoch_size = 20
lr = 0.01
print('--------------------Momentum 优化器----------------------')
# 数据
ds_train, ds_test = gen_data(X_train, Y_train, epoch_size)
# 定义网络并训练
network = nn.Dense(cfg.feature_number, cfg.num_class)
net_opt = nn.Momentum(network.trainable_params( ), lr, 0.9)
model = train(network, net_opt, ds_train, "checkpoint_momentum", cfg.
    out_dir_momentum, 4)
# 评估预测
eval_predict(model, ds_test)
```

```
--------------------Momentum 优化器----------------------
============== Starting Training ===============
epoch: 1 step: 4, loss is 1.0604309
epoch: 2 step: 4, loss is 0.99521977
epoch: 3 step: 4, loss is 0.8313699
epoch: 4 step: 4, loss is 0.7094096
epoch: 5 step: 4, loss is 0.65089923
epoch: 6 step: 4, loss is 0.6310853
epoch: 7 step: 4, loss is 0.53370225
epoch: 8 step: 4, loss is 0.49405128
epoch: 9 step: 4, loss is 0.4837509
epoch: 10 step: 4, loss is 0.56862116
epoch: 11 step: 4, loss is 0.45315826
epoch: 12 step: 4, loss is 0.4296512
epoch: 13 step: 4, loss is 0.35478917
```

```
epoch: 14 step: 4, loss is 0.3776942

epoch: 15 step: 4, loss is 0.3904683

epoch: 16 step: 4, loss is 0.405444

epoch: 17 step: 4, loss is 0.35382038

epoch: 18 step: 4, loss is 0.4173923

epoch: 19 step: 4, loss is 0.3982181

epoch: 20 step: 4, loss is 0.36724958

{'acc': 0.9333333333333333}

第0个sample预测结果: 2 真实结果: 2

第1个sample预测结果: 2 真实结果: 2

第2个sample预测结果: 0 真实结果: 0

第3个sample预测结果: 2 真实结果: 2

第4个sample预测结果: 2 真实结果: 1

第5个sample预测结果: 0 真实结果: 0

第6个sample预测结果: 1 真实结果: 1

第7个sample预测结果: 0 真实结果: 0

第8个sample预测结果: 0 真实结果: 0

第9个sample预测结果: 1 真实结果: 1
```

```
# ------------------Adam--------------------
epoch_size = 15
lr = 0.1
print('------------------Adam优化器------------------------')
# 数据
ds_train, ds_test = gen_data(X_train, Y_train, epoch_size)
# 定义网络并训练
network = nn.Dense(cfg.feature_number, cfg.num_class)
net_opt = nn.Adam(network.trainable_params( ), learning_rate=lr)
model = train(network, net_opt, ds_train, "checkpoint_adam", cfg.out_dir_adam,
    4)
```

```
# 评估预测
eval_predict(model, ds_test)
```

```
------------------Adam优化器-------------------------
= = = = = = = = = = = = = = Starting Training = = = = = = = = = = = = = = =
epoch: 1 step: 4, loss is 0.84714115
epoch: 2 step: 4, loss is 0.57764554
epoch: 3 step: 4, loss is 0.48923612
epoch: 4 step: 4, loss is 0.5017803
epoch: 5 step: 4, loss is 0.43567714
epoch: 6 step: 4, loss is 0.47073197
epoch: 7 step: 4, loss is 0.3545829
epoch: 8 step: 4, loss is 0.30443013
epoch: 9 step: 4, loss is 0.32454818
epoch: 10 step: 4, loss is 0.4717226
epoch: 11 step: 4, loss is 0.3707342
epoch: 12 step: 4, loss is 0.27762926
epoch: 13 step: 4, loss is 0.27208093
epoch: 14 step: 4, loss is 0.21773852
epoch: 15 step: 4, loss is 0.22632197
{'acc': 1.0}
第0个sample预测结果: 1    真实结果: 1
第1个sample预测结果: 2    真实结果: 1
第2个sample预测结果: 2    真实结果: 2
第3个sample预测结果: 2    真实结果: 2
第4个sample预测结果: 0    真实结果: 0
第5个sample预测结果: 1    真实结果: 1
第6个sample预测结果: 1    真实结果: 1
第7个sample预测结果: 1    真实结果: 1
```

第8个sample预测结果：0　真实结果：0

第9个sample预测结果：2　真实结果：0

小结

　　本章介绍了神经网络的主要模块及其MindSpore实现，阐述了各个模块的主要参数和作用等。阅读完这一章节可以对MindSpore有一个概括性的认识并且可以按照内容中的指引使用MindSpore自定义网络。

习题

1. 简单介绍Sigmoid激活函数的特点。

2. Sigmoid、Tanh、ReLU这3个激活函数的缺点是什么？有改进这些不足的激活函数吗？

3. 为什么要引入非线性激励函数？

4. 如何解决梯度消失问题和梯度膨胀问题？

5. 神经网络中激活函数的真正意义？一个激活函数需要具有哪些必要的属性？哪些属性是好的但却是不必要的？

6. 简述CNN常用的几个模型。

7. 什么是卷积？

8. 梯度下降法的神经网络容易收敛到局部最优，为什么应用却很广泛？

9. 神经网络中，如果隐藏层的层数足够多，它就可以近似任何连续函数？

10. 为什么更深的网络更好？

11. 更多的数据是否有利于更深的神经网络？

12. 什么是归一化，它与标准化的区别是什么？

13. 批大小如何影响测试正确率？

14. 如何确定使用BN还是IN？

15. 使用LeNet实现一个MNIST数据集手写数字识别。（MNIST数据集下载页面提供4个数据集下载链接，其中前两个文件是训练数据需要的，后两个文件是测试结果需要的）

网络模型篇

第5章 卷积神经网络

5.1 概述

5.1.1 发展历程

卷积神经网络（Convolutional Neural Network，CNN）在计算机视觉、语音识别等领域取得了突破性的成就，已成为深度学习领域最具代表性的神经网络之一。基于卷积神经网络的计算机视觉使人们能够完成过去几个世纪被认为不可能的事情，例如，人脸识别、无人驾驶、智慧农业以及智能医疗等。在本小节中将简要介绍卷积神经网络的过去、现在以及未来前景，让读者能够了解卷积神经网络的来龙去脉。

卷积神经网络的出现离不开人工神经网络（Artificial Neural Network，ANN），1943年Mcculloch和Pitts共同提出了第一个神经元的数学模型：MP模型。然后，在20世纪50年代后期，Rosenblatt[9, 119]通过在MP模型中加入学习能力，提出了单层感知器模型。然而，单层感知器网络无法处理线性不可分的问题，比如XOR问题。1986年，Hinton等人[120]提出了一种通过误差反向传播算法训练的多层前馈网络——反向传播网络（BP Network），解决了一些单层感知器无法解决的问题。1987年，Waibel等人[121]提出了用于语音识别的延时神经网络（Time Delay Neural Network，TDNN），该网络可以看作是一维卷积神经网络。在1988年，Zhang等人[122]提出了第一个二维卷积神经网络，被称为移位不变人工神经网络（Shift-Invariant Artificial Neural Network，SIANN）。然后在1989年，LeCun等人[123]构建了用于手写邮政编码识别的卷积神经网络，并首次使用了"卷积"一词，这是LeNet的原始版本。进入20世纪90年代后，学者们在前任的贡献上先后提出了各种浅层神经网络，如混沌神经网络[124]和通用回归神经网络[125]，其中最著名的是LeNet-5[126]，该网络也被后来奉为深度学习的"Hello World"。

然而，当神经网络层数增加时，传统的BP网络会遇到局部最优、过拟合、梯度消失以及梯度爆炸等问题。这些问题一直持续到了2006年，Hinton等人[48]提出：多隐藏层人工神经网络具有优良的特征学习能力，逐层预训练可以有效克服训练深度神经网络的困难。2012年，Alex等人[48]在ImageNet大规模视觉识别挑战（LSVRC）

中使用AlexNet取得了当时最好的分类结果，随即引起了学者们的极大关注，自此之后，学者们每年都会提出多种卷积神经网络模型，这些网络模型也变得更深、更宽、更轻，经典的卷积神经网络模型如图5.1所示。

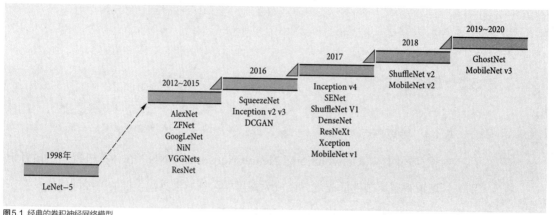

图5.1 经典的卷积神经网络模型

牛津大学的Visual Geometry Group（VGG）团队提出的一系列卷积神经网络，统称为VGGNets[127]，包括VGG–11、VGG–11–LRN、VGG–13、VGG–16以及VGG–19等。GoogLeNet[128]是ILSVRC2014图像分类算法的获胜者，它是第一个与Inception模块堆叠形成的大规模卷积神经网络。目前Inception网络已经诞生4个版本，分别是Inception v1[128]、Inception v2[53]、Inception v3[129]和Inception v4[130]。理论上，深度神经网络优于浅层神经网络，因为前者可以提取更复杂、更充分的图像特征。但是随着层数的增加，深度神经网络容易出现梯度消失、梯度爆炸等问题，于是何凯明团队于2016年提出了一个34层的Residual Network[51]，ResNet是ILSVRC2015图像分类和目标检测算法的获胜者，其性能超过了GoogLeNet Inception v3。2014年，Goodfellow[100]提出了生成对抗网络（Generative Adversarial Network，GAN），GAN是一种无监督网络模型。MobileNets是谷歌为手机等嵌入式设备提出的一系列轻量级模型，它们使用深度可分离卷积和几种先进的技术来构建薄的深度神经网络，迄今为止MobileNet共有3个版本，即MobileNet v1[131]、MobileNet v2[132]和MobileNet v3[133]。ShuffleNets是MEGVII团队提出的一系列卷积神经网络模型，用于解决移动设备计算能力不足的问题。这些模型结合了逐点组卷积、通道混洗和其他一些技术，在几乎没有精度损失的情况下显著降低了计算成本。到目前为止，ShuffleNets有两个版本，分别是ShuffleNet v1[134]和ShuffleNet v2[135]。由于现有卷积神经网络提取了大量冗余特征用于图像认知，Han等人发现传统卷积层中有很多相似的特征图，这些特征图被称为幽灵，因此，该团队提出 GhostNet[136] 以有效降低计算成本。

此外，卷积神经网络有很多明显的缺点，如丢失空间信息等。随着卷积神经网络的快速发展，学者们也提出了一些对卷积神经网络进行优化的方法，包括模型压缩、网络架构搜索等。综上所述，由于卷积神经网络的局部连接、权重共享以及降采样降维等优势，在学术界和工业界得到了广泛的研究与应用。

5.1.2 基本架构

深度学习的一个重要思想就是"端到端"的学习方式，即 End-to-End，属于表示学习的一种。该学习方式具有协同增效的优势，有更大可能获得全局最优解。如图 5.2 所示，卷积神经网络是一种"端到端"的层次模型（Hierarchical Model），其输入是原始数据，比如 RGB 图像、原始音频数据等。然后通过卷积操作、池化操作，以及非线性激活函数映射等一系列操作的层层堆叠，将高层语义信息由原始数据输入层中抽取出来，逐层抽象，这一过程称为"**前馈运算**"（Feed-Forward）。其中，不同类型操作在卷积神经网络中一般被称作"层"。卷积操作对应"卷积层"，池化操作对应"池化层"，等等。最终，卷积神经网络的最后一层将目标任务（分类、回归等）形式化为目标函数。通过计算预测值与真实值之间的误差或损失（loss），再凭借 BP（Back-propagation）算法将误差或损失由最后一层逐层向前反馈，更新每层参数，并在更新参数后再次前馈，如此往复，直到网络模型收敛，从而达到模型训练的目的。

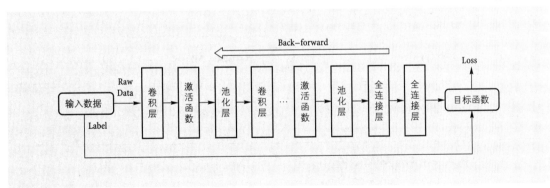

图5.2 卷积神经网络的基本流程图

下面来看一个例子：使用卷积神经网络对 MNIST 数字进行分类。首先，由代码清单可以看出，网络模型是由卷积层和池化层进行堆叠组成的。为了使读者不受具体深度学习框架限制，更好地理解卷积神经网络原理，这里使用伪代码形式进行描述，如下所示。

```
model=OurModel(
    [
        Input(input_shape=(28,28,1)),
        layers.Conv2D(32,kernel_size=(3,3),activation="relu"),
        layers.MaxPooling2D(pool_size=(2,2)),
        layers.Conv2D(64,kernel_size=(3,3),activation="relu"),
        layers.MaxPooling2D(pool_size=(2,2)),
        layers.Flatten(),
        layers.Dropout(0.5),
        layers.Dense(num_classes,activation="softmax"),
    ]
)
```

从上面代码中可以看出，该卷积神经网络接收形状为 28×28 的灰度图作为输入张量，这也正是 MNIST 数据集中图像的格式。下面用最简单的方式展示该神经网络的结构，如果读者感兴趣可以使用更加丰富的模型进行可视化展示，比如，Netron、TensorSpace 等。

```
Model:"OurModel"
```

Layer(type)	Output Shape	Param #
conv2d(Conv2D)	(None,26,26,32)	320
max_pooling2d(MaxPooling2D)	(None,13,13,32)	0
conv2d_1(Conv2D)	(None,11,11,64)	18496
max_pooling2d_1(MaxPooling2D)	(None,5,5,64)	0

flatten(Flatten)	(None,1600)	0
dropout(Dropout)	(None,1600)	0
dense(Dense)	(None,10)	16010

Total params:34,826

Trainable params:34,826

Non-trainable params:0

可以看到，每个Conv2D层和MaxPooling2D层的输入都是一个3D张量，宽度和高度两个维度的尺寸通常会随着网络的加深而变小，通过数量由传入Conv2D层的第一个参数决定，比如32或64。值得注意的是，在max_pooling2d_1层是把形状大小为（5，5，64）的3D张量进行展平操作后进入到全连接层，最后整个模型的输出为10个类别的概率值，这个概率值是通过最后一层Softmax函数计算得到的。

5.1.3　重要组件

1. 卷积层

卷积层是卷积神经网络中的基础操作，甚至在网络最后起分类作用的全连接层在工程实现时也是由卷积操作代替的。卷积是数学中一种特殊的线性运算，卷积的物理意义为一个函数在另外一个函数上的加权叠加，卷积的"卷"指函数的翻转，从$g(x)$变成$g(-x)$的这个过程；卷积的"积"指的是滑动积分，离散情况下是加权求和。其数学公式如下：

$$s(x) = \int f(a)g(x-a)\mathrm{d}a \tag{5.1}$$

不同于数学中的卷积公式，图像中的卷积是离散的。通过一个特定大小的矩阵与上层感受野区域矩阵做点积运算从而得到下层神经元的特征输出，这个特定大小的矩阵叫做**卷积核**，也称**滤波器**（Convolution Kernel或Convolution Filter）。假设输入一张5×5的图像，使用一个3×3的卷积核，如图5.3所示。假定每一次卷积操作之后，卷积核移动1个像素的位置，即卷积步长（Stride）为1。

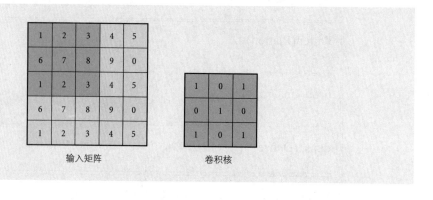

图5.3 输入矩阵与卷积核

从图像（0，0）像素开始，卷积核与对应区域图像像素逐位相乘后累加作为第一次卷积操作结果，即$1\times1+2\times0+3\times1+6\times0+7\times1+8\times0+1\times1+2\times0+3\times1=15$，如图5.4（a）所示。类似的，卷积核在图像上自左至右自上而下依次进行卷积操作，最终输出3×3大小的卷积特征，也被称为特征映射（Feature Map），如图5.4（b）所示，该结果也将作为下一层的输入。

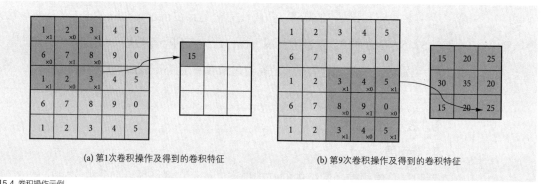

(a) 第1次卷积操作及得到的卷积特征　　　(b) 第9次卷积操作及得到的卷积特征

图5.4 卷积操作示例

以上过程可用如下公式表达：

$$x^l = \sigma^l(W^l \otimes x^{l-1} + b^l) \tag{5.2}$$

其中x^{l-1}是$l-1$层的输入，W为卷积核的权值矩阵，b为偏置，是激活函数，x^l是l层的输出，并且W和b的值可通过训练学习得到。以上描述的是二维场景的卷积操作。类似的，三维场景下的卷积操作只是将二维卷积扩展到输入的所有通道上，将使用一个三维的卷积核$f^l \in R^{HWD}$处理HWD个元素，并输出到对应位置作为卷积结果。一个卷积核能够提取一种特征，得到一个特征映射。为了提取不同的特征，就需要使用多个卷积核。假设使用D个卷积核，则同一位置可以得到$1\times1\times1\times D$维的卷积结果，而D即为第$l+1$层输入x^{l+1}的通道数D^{l+1}，也是第l层输出的特征映射的数量。卷积操作中还有两个重要的超参数：卷积核大小和卷积步长。上述过程使用到的卷积核大小为3×3，卷积步长为1。合适的超参数设置会对最终模型带来理想的性能提升。

2. 池化层

由于待处理的图像往往都比较大，而在实际过程中，没有必要对原图进行分析，能够有效捕获图像的特征才是最主要的。根据图像局部相关的原理，图像某个领域内只需要一个像素点就能表达整个区域的信息，因此可以采用类似于图像压缩的思想，对图像进行卷积之后，通过一个下采样过程来调整图像的大小。卷积层通过非全连接的方式显著减少了神经元的连接，从而减少了计算量，但是神经元的数量并没有显著减少，后续计算的维度依然比较高，并且容易出现过拟合问题。为了解决这个问题，在卷积层之后加入一个池化（Pooling）层，有时也被称为下采样（Down Sampling）层来降低特征维度，避免过拟合。通常使用的池化函数为最大池化（Max-Pooling）和平均值池化（Mean-Pooling）。池化操作过程示例如图5.5所示。

对一个4×4大小的特征映射进行最大池化操作，卷积核的大小为2×2，步长为2，即每4个元素选取一个最大的元素作为输出，最终得到2×2的特征映射，规模减少了四分之一。

池化层的引入仿照了人的视觉系统对视觉输入对象进行降维（降采样）和抽象操作。主要有如下3个作用。

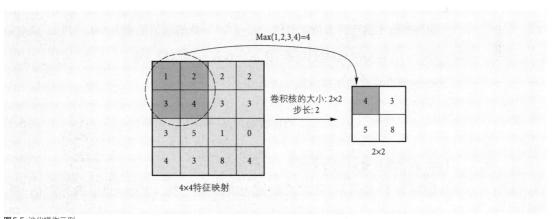

图5.5 池化操作示例

（1）特征不变性。池化操作使模型更关注是否存在某些特征而不是特征具体的位置，使特征包含某种程度的自由度，能容忍一些特征微小的位移。

（2）特征降维。由于池化操作的降采样作用，池化结果中的一个元素对应于原输入数据的一个子区域，因此，池化操作相当于在空间范围内做了维度约减，从而使模型可以抽取更广范围的特征，同时减小下一层输入的大小，进而减少计算量和参数个数。

（3）在一定程度上防止过拟合，更方便优化。

3. 激活函数

神经网络使用激活函数来加入非线性因素，以提高模型的表达能力。激活函数是连续可导的，常见的激活函数有Sigmoid、Tanh、ReLU等。Sigmoid函数及其导数图像如图5.6所示。

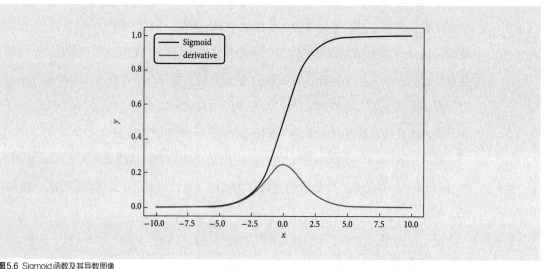

图5.6 Sigmoid函数及其导数图像

它能够把输入的连续实值映射到（0，1），导数的取值范围为（0，1/4）。缺点是在反向传播中，容易出现梯度消失，无法完成深层网络的训练。

Tanh函数也称双曲正切函数，公式如下：

$$\text{Tanh}(x) = \frac{e^x - e^{-x}}{e^x + e^{-x}} \tag{5.3}$$

Tanh函数及其导数图像如图5.7所示。

其值域为（-1，1），导数的值域为（0，1），优于Sigmoid函数导数的（0，1/4），在一定程度上，减轻了梯度消失的问题，但仍然没有彻底解决。

ReLU函数公式如下：

$$\text{ReLU}(x) = \max(0,\ x) = \begin{cases} 0, & x < 0 \\ 0, & x \geqslant 0 \end{cases} \tag{5.4}$$

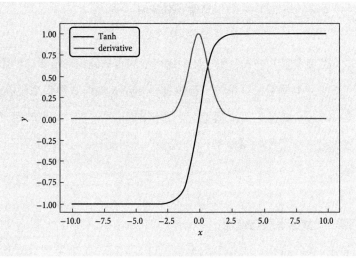

图5.7 Tanh函数及其导数图像

ReLU函数及其导数图像如图5.8所示。

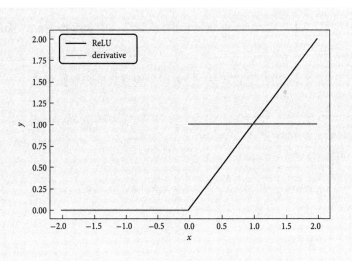

图5.8 ReLU函数及其导数图像

它在$x \geq 0$时解决了梯度消失问题，同时，相比Sigmoid函数，ReLU函数有助于随机梯度下降方法收敛，收敛速度约快6倍。正是由于ReLU函数的这些优质特性，其已成为目前卷积神经网络及其他深度学习模型（比如，递归神经网络等）激活函数的首选之一。

5.2 从头开始训练一个卷积神经网络

本节将带领读者进入卷积神经网络模型的实战编程环节，即使用很少的数据来训练一个图像分类模型，这里的"很少"是相对大规模数据集来说的，比如ImageNet数据集、COCO数据集等。训练一个卷积神经网络包括以下步骤：① 检查与加载数据；② 构建一个卷积网络模型；③ 模型训练与测试；④ 使用数据增广技术来提升模型的性能。

5.2.1 数据下载与处理

首先，实验将在一个小型数据集上进行训练，每个类别只有几百张图片，不做任何正则化操作，目的是让读者清楚了解整个模型的训练过程。数据集可以从华为Mindspore官网上下载。数据集分为训练数据集和测试数据集。该数据集对花卉进行图像分类，一共包含5个类别，分别是雏菊、蒲公英、玫瑰、向日葵以及郁金香。该数据集共计3 670张图片，蒲公英的数据最多，有898张图片，雏菊的数据最少，有633张图片。

以下是数据集的目录架构，读者可以更直观地理解数据集。

```
huawei_flowers/
    train/
        daisy/
        dandelion/
        roses/
        sunflowers/
        tulips/
    test/
        daisy/
        dandelion/
        roses/
        sunflowers/
        tulips/
```

由于给出的数据集已经分好了训练数据和测试数据，因此不需要进行额外的划分。图5.9给出了一些样本示例，通常情况下，将数据输入神经网络之前，需要将图像数据进行缩放到统一大小，比如，（224，224，3）表示长宽为224的3通道RGB图像。数据类型也需要格式化为浮点数张量，即将原来图像的像素值在［0，255］之间转换成［0，1］之间的浮点型小数，每个深度学习框架都有相应的转换函数供直接调用。

图5.9 数据集随机样本展示

5.2.2　构建网络

处理完数据以后，就可以构建一个简单的卷积神经网络模型。下面看一下网络结构。

Layer(type)	Output Shape	Param #
rescaling_1(Rescaling)	(None,180,180,3)	0
conv2d(Conv2D)	(None,180,180,16)	448
max_pooling2d(MaxPooling2D)	(None,90,90,16)	0

conv2d_1(Conv2D)	(None,90,90,32)	4640
max_pooling2d_1(MaxPooling2D)	(None,45,45,32)	0
conv2d_2(Conv2D)	(None,45,45,64)	18496
max_pooling2d_2(MaxPooling2D)	(None,22,22,64)	0
flatten(Flatten)	(None,30976)	0
dense(Dense)	(None,128)	3965056
dense_1(Dense)	(None,5)	645

Total params:3,989,285

Trainable params:3,989,285

Non-trainable params:0

这里给出构建的卷积神经网络的整体结构,从中可以看出定义的输入图像数据大小为(180,180,3),包含堆叠的2维卷积层和2维池化层,以及两个全连接层之后输出5个类别的概率。

5.2.3 模型训练与测试

构建完网络以后就可以进行模型训练,在训练完成后保存模型是一种好习惯。为了便于读者了解,我们将所有实验代码整理成Jupyter Notebook形式方便运行。

实验运行结果如图5.10所示。训练精度随着时间线性增加,而验证精度却在后面的迭代中性能大幅下降,出现过拟合现象。验证损失尽管有下降趋势,但很不稳定,而训练损失则一直线性下降,造成这种过拟合的现象主要原因是训练样本较少(每个种类只有600多张图片),过拟合通常发生在训练样本数量较少的情况下。解决此问题的一种方法是增加数据集,使其具有足够数量的样本进行模型训练;另外一种方法是使用Dropout方法。下面将使用这两种方来缓解模型的过拟合现象。

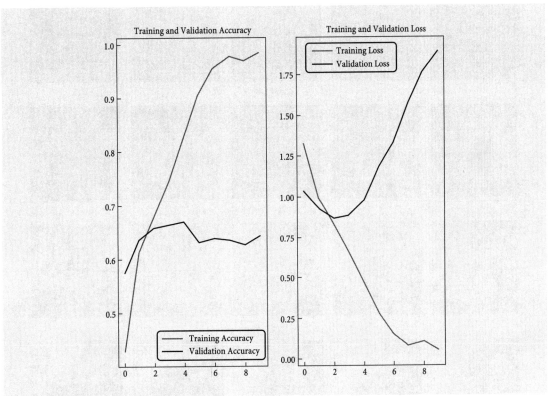

图5.10 左图为训练精度与验证精度，右图为训练损失与验证损失

5.2.4 数据增强与Dropout

数据扩充采用的方法是从现有的训练样本中生成更多的训练数据，即通过生成可信图像的随机变换来扩充样本，目标是在训练过程中，模型将不会看到完全相同的图片。

图5.11展示了4种常用的数据增强方法，比如水平翻转、随机旋转、位置偏移以及随机缩放。通常情况下，对一张图像综合使用这些方法，从而生成更多变化的图像，如图5.12所示。

Dropout是一种正则化手段，可以有效地在小数据集上防止过拟合。它以一定的概率丢弃神经元之间的连接，相当于告诉神经元不要尝试依赖特定的神经元，可以使得权重的分布更加规范，避免特别大的权重出现。因为，添加Dropout层以后的网络结构如下所示。

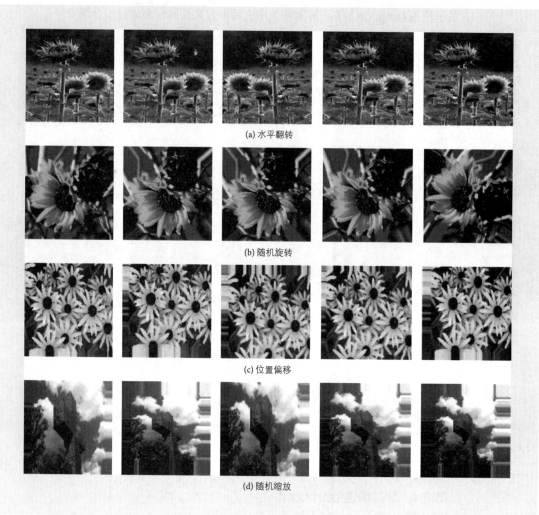

(a) 水平翻转

(b) 随机旋转

(c) 位置偏移

(d) 随机缩放

图5.11 常用的4种数据增强方法

图5.12 综上数据增强方案示例

Layer(type)	Output Shape	Param #
sequential_1(Sequential)	(None,180,180,3)	0
rescaling_2(Rescaling)	(None,180,180,3)	0
conv2d_3(Conv2D)	(None,180,180,16)	448
max_pooling2d_3(MaxPooling2D)	(None,90,90,16)	0
conv2d_4(Conv2D)	(None,90,90,32)	4640
max_pooling2d_4(MaxPooling2D)	(None,45,45,32)	0
conv2d_5(Conv2D)	(None,45,45,64)	18496
max_pooling2d_5(MaxPooling2D)	(None,22,22,64)	0
dropout(Dropout)	(None,22,22,64)	0
flatten_1(Flatten)	(None,30976)	0
dense_2(Dense)	(None,128)	3965056
dense_3(Dense)	(None,5)	645

Total params:3,989,285

Trainable params:3,989,285

Non-trainable params:0

数据增强并添加Dropout层以后，再来训练模型，可视化结果如图5.13所示。

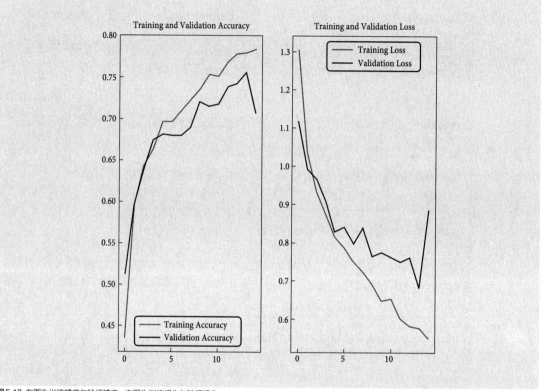

图5.13 左图为训练精度与验证精度，右图为训练损失与验证损失

从图中可以看出，相较于图5.10来说，训练精度随着时间线性增加，精度接近80%，而验证精度接近75%。外此，验证损失的下降趋势较为明显，而且训练损失则一直线性下降，说明了模型的过拟合现象得到了缓解，然而整体上来看，训练数据还是相对较少，因此从头训练自己的卷积神经网络模型是很困难的。想要使用小样本数据得到较好的模型精度，需要预训练模型。

5.3 使用预训练的卷积神经网络

如何在小数据集上得到比较理想的网络模型，通常情况下使用迁移学习，即在一个预训练网络（Pretrained Network）上继续训练模型参数。所谓的预训练网络是一个已经在大型数据集（如ImageNet）上训练好，能够更好理解视觉世界的通用模型。

　　本节中将使用在ImageNet数据集上训练好的MobileNet v2网络。MobileNet v1是由谷歌公司在2017年发布的一个轻量级深度神经网络，其主要特点是采用深度可分离卷积（Depthwise Separable Convolution）替换了普通卷积。2018年提出的MobileNet v2在MobileNet v1的基础上引入了线性瓶颈（Linear Bottleneck）和倒残差（Inverted Residual）来提高网络的表征能力。除此之外，还有常用的VGG-16、VGG-19、Xception以及Inception v3等网络。使用预训练模型一般有特征提取（Feature Extraction）和模型微调（Fune-Tuning）两种方法。

5.3.1　特征提取

　　特征提取是使用之前网络学到的表示来从新样本中提取出有趣的特征，然后将这些特征输入一个新的分类器，从头开始训练。图像分类的卷积神经网络包含两部分：一是连续堆叠的池化层和卷积层，二是一个密集连接分类器。第一部分叫做模型的卷积基（Convolutional Base）。对于卷积神经网络而言，特征提取就是取出之前训练好的网络的卷积基，在其上运行新数据，然后在输出上训练一个新的分类器。MobileNet v2网络结构最后的特征图形状为（5，5，1280），我们将在这个特征上添加一个密集连接的分类器，主要代码如下所示：

```
global_average_layer = tf.keras.layers.GlobalAveragePooling2D()
feature_batch_average = global_average_layer(feature_batch)
print(feature_batch_average.shape)


prediction_layer = tf.keras.layers.Dense(5)
prediction_batch = prediction_layer(feature_batch_average)
print(prediction_batch.shape)


model.compile(optimizer = tf.keras.optimizers.Adam(learning_rate=0.0001),
    loss = tf.keras.losses.SparseCategoricalCrossentropy(from_logits=True),
    metrics = ['accuracy'])
```

　　在训练模型前，需要先编译模型，由于数据集包含5个类别，因此最后的输出是一个5维向量。模型结构大致如下：

Layer(type)	Output Shape	Param #
input_2(InputLayer)	[(None,160,160,3)]	0
sequential(Sequential)	(None,160,160,3)	0
tf.math.truediv(TFOpLambda)	(None,160,160,3)	0
tf.math.subtract(TFOpLambda)	(None,160,160,3)	0
mobilenetv2_1.00_160(Function)	(None,5,5,1280)	2257984
global_average_pooling2d(Gl)	(None,1280)	0
dropout(Dropout)	(None,1280)	0
dense(Dense)	(None,5)	6405

Total params:2,264,389
Trainable params:6,405
Non-trainable params:2,257,984

模型结构定义好以后，接下来就可以直接进行训练。使用MobileNet v2基础模型作为固定特征提取程序时，训练和验证准确率/损失的学习曲线，如图5.14所示。验证精度达到了85%，比5.2节从头开始训练的小型模型效果要好得多。

5.3.2 模型微调

另一种广泛使用的模型复用方法是模型微调，它与特征提取互为补充。对用于特征提取的冻结的模型基，微调是指将其顶部的几层"解冻"，并和新增加的部分联合

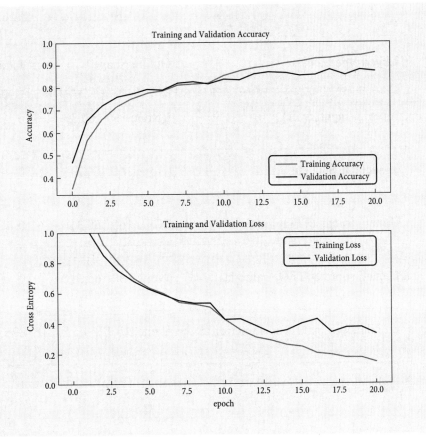

图5.14 上图为训练精度与验证精度,下图为训练损失与验证损失

训练。之所以叫作微调,是因为它只是略微调整了所复用模型中更加抽象的表示,以便让这些表示与实际的问题更加相关。

在特征提取实验中,仅在MobileNet v2基础模型的顶部训练了一些层。预训练网络的权重在训练过程中未更新。进一步提高性能的一种方式是在训练(或"微调")预训练模型顶层的权重的同时,另外训练新增加的分类器训练过程,将强制权重从通用特征映射调整为专门与数据集相关联的特征。

在大多数卷积神经网络中,层越高,它的专门程度就越高。网络前几层学习非常简单且通用的特征,这些特征可以泛化到几乎所有类型的图像。随着学习向深层移动,这些特征越来越特定于训练模型所使用的数据集。微调的目标是使这些专用特征适应新的数据集,而不是覆盖通用学习。

模型微调的步骤如下:① 在已经训练好的基网络上添加自定义网络;② 冻结基网络;③ 训练所添加的部分;④ 解冻基网络的一些层;⑤ 联合训练解冻的这些层和添加的部分。解冻网络模型的结构如下所示。

Layer(type)	Output Shape	Param #
input_2(InputLayer)	[(None,160,160,3)]	0
sequential(Sequential)	(None,160,160,3)	0
tf.math.truediv(TFOpLambda)	(None,160,160,3)	0
tf.math.subtract(TFOpLambda)	(None,160,160,3)	0
mobilenetv2_1.00_160(Function)	(None,5,5,1280)	2257984
global_average_pooling2d(Gl)	(None,1280)	0
dropout(Dropout)	(None,1280)	0
dense(Dense)	(None,5)	6405

Total params:2,264,389

Trainable params:1,867,845

Non-trainable params:396,544

　　对比特征提取，可以看到可调整的参数大幅增加，训练效果如图5.15所示，验证精度为87.5%左右，但从图5.15所示曲线上看，测试结果有一些抖动，主要原因是直接使用训练数据进行输入，而数据样本量又比较小，因此存在过拟合的影响。最好的解决办法就是使用5.2节提到的数据增强技术对训练数据进行扩充，有兴趣的读者可以进行实验。

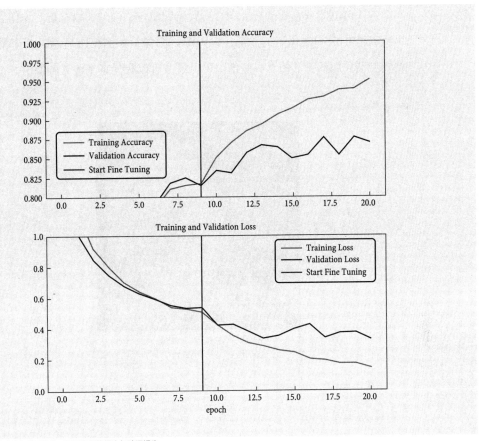

图5.15 上图为训练精度与验证精度，下图为训练损失与验证损失

5.4 卷积神经网络的可视化

深度学习模型是"黑盒"，即模型学到的表示很难用人类可以理解的方式来提取和呈现。虽然对于某些类型的深度学习模型来说，这种说法部分正确，但对卷积神经网络来说绝对不是这样的。卷积神经网络学到的表示非常适合可视化，很大程度上是因为它们是视觉概念的表示。下面介绍卷积神经网络可视化的基础知识。

5.4.1 可视化中间激活

可视化中间激活，是指对于给定输入，展示网络中各个卷积层和池化层输出的特征图（层的输出通常被称为该层的激活，即激活函数的输出）。这让人们可以看到输入如何被分解为网络学到的不同过滤器。一般在3个维度对特征图进行可视化：宽度、高度和深度（通道）。每个通道都对应相对独立的特征，所以将这些特征图可视化的正确方法是将每个通道的内容分别绘制成二维图像。

　　为了提取想要查看的特征图，需要先创建一个模型，以批量图像作为输入，并输出所有卷积层和池化层的激活。输入测试图像，如图5.16所示，这个模型将返回原始模型前几层的激活值。一般情况下，模型可以有任意个输入和输出。

图5.16 测试图像示例

　　下面来可视化网络中激活的部分，需要在8个特征图中提取并绘制每一个通道，然后将结果叠加在一个大的图像张量中，按通道并排，如图5.17所示。通常来说，神经网络的第一层是各种边缘探测器的集合，在这一阶段，函数输出的特征图几乎保留了原始图像中的所有信息。随着层数的加深，激活变得越来越抽象，并且越来越难以直观地理解。它们开始表示更高层次的概念，层数越深，其表示的关于图像视觉内

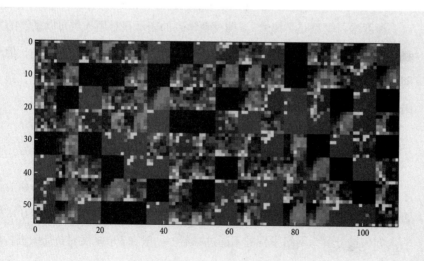

图5.17 测试图像第7层激活的所有通道

容的信息就越少，而关于类别的信息就越多。激活的稀疏度（Sparsity）随着层数的加深而增大。在第一层里，所有过滤器都被输入图像激活，但在后面的层里，越来越多的过滤器是空白的。

5.4.2　可视化卷积神经网络的过滤器

想要观察卷积神经网络学到的过滤器，另一种简单的方法是显示每个过滤器所响应的视觉模式。这可以通过在输入空间中进行梯度上升来实现：从空白输入图像开始，将梯度下降应用于卷积神经网络输入图像的值，其目的是让某个过滤器的响应最大化。得到的输入图像是选定过滤器具有最大响应的图像。

现在需要构建一个损失函数，其目的是让某个卷积层的某个过滤器的值最大化；然后，要使用随机梯度下降来调节输入图像的值，以便让这个激活值最大化。

过滤器可视化技术无需特定输入图片，即可观察到不同过滤器的特定视觉模式，卷积神经网络中每一层都学习一组过滤器，以便将其输入表示为过滤器的组合。这类似于傅里叶变换将信号分解为一组余弦函数的过程。随着层数的加深，卷积神经网络中的过滤器变得越来越复杂，越来越精细。模型第一层（block1_conv1）的过滤器对应简单的方向边缘和颜色，如图5.18所示。block2_conv1层的过滤器对应边缘和颜色组合而成的简单纹理，如图5.19所示。更高层的过滤器类似于自然图像中的纹理：羽毛、眼睛、树叶等，如图5.20、图5.21所示。

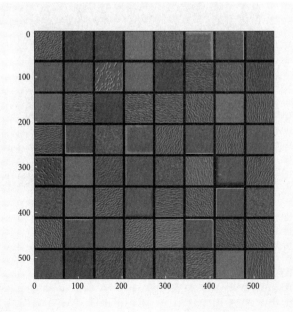

图5.18 block1_conv1层的过滤器模式

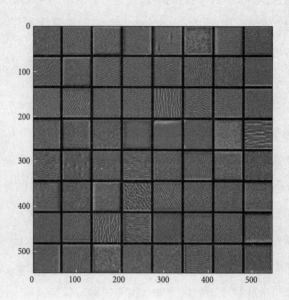

图5.19 block2_conv1层的过滤器模式

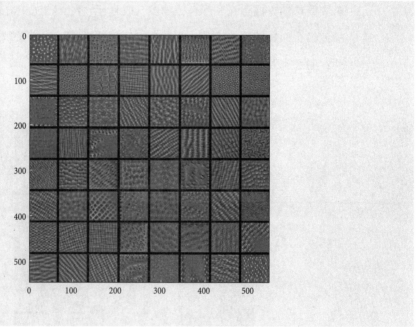

图5.20 block3_conv1层的过滤器模式

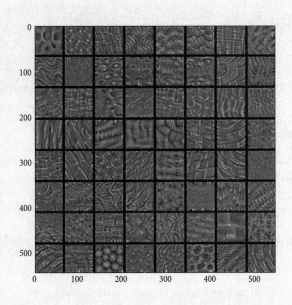

图5.21 block4_conv1层的过滤器模式

5.4.3 可视化类激活的热力图

这里要介绍另一种可视化方法，它有助于确认是图像的哪一部分让卷积神经网络做出了最终的分类决策。这种通用的技术叫做类激活图（Class Activation Map，CAM）可视化，它是指对输入图像生成类激活的热力图。类激活热力图是与特定输出类别相关的二维分数网格，对任何输入图像的每个位置都要进行计算，它表示每个位置对该类别的重要程度。这种方法有助于对卷积神经网络的决策过程进行调试，特别是出现分类错误的情况，还可以用于定位图像中的特定目标。

具体实现方式是给定一张输入图像，对于一个卷积层的输出特征图，用类别相对于通道的梯度对这个特征图中的每个通道进行加权。直观上来看，理解这个技巧的一种方法是，用"每个通道对类别的重要程度"对"输入图像对不同通道的激活强度"的空间图进行加权，从而得到了"输入图像对类别的激活强度"的空间图。

在测试图片上进行热力图可视化，如图5.22所示。

应用Grad-CAM算法代码如下。

图5.22 类激活热力图展示效果

```
african_elephant_output=model.output[:,386]
last_conv_layer=model.get_layer('block5_conv3')

grads=K.gradients(african_elephant_output,last_conv_layer.output)[0]
pooled_grads=K.mean(grads,axis=(0,1,2))
iterate=K.function([model.input],[pooled_grads,last_conv_layer.output
    [0]])

pooled_grads_value, conv_layer_output_value=iterate([x])
for i in range(512):
    conv_layer_output_value[:,:,i]*=pooled_grads_value[i]
heatmap=np.mean(conv_layer_output_value,axis=-1)
```

5.5 自编码器

本节将介绍深度学习中的生成模型自编码器（AutoEncoder）。自编码器作为一种无监督或者自监督算法，本质上是一种数据压缩算法。从目前趋势来看，无监督学习很有可能是一把决定深度学习未来发展方向的钥匙，在缺乏高质量标注数据的监督机器学习阶段，若能在无监督学习方向上有所突破，将会对未来深度学习的发展产生重大影响。本节从自编码器的结构特点、自编码器的降噪作用和分生自编码器3个部分进行介绍。

5.5.1 自编码器的特点

自编码器是一种利用反向传播算法使得输出值等于输入值的神经网络。如图5.23所示，构建一个自编码器需要两部分：编码器（Encoder）和解码器（Decoder）。通过encoder（g）将输入样本x映射至特征空间z，即编码过程；然后通过decoder（f）将这种抽象表征z映射回原始空间，重构为输出x'，即解码过程。优化目标则是通过最小化重构误差来同时优化编码器和解码器，从而学习得到针对样本输入x的抽象特征表示z。因此，从本质上来讲，自编码器是一种数据压缩算法，其压缩和解压算法均通过神经网络实现，编码函数Encoder和解码函数Decoder都是神经网络模型。自编码器有如下3个特点。

（1）数据相关性。自编码器只能压缩与自己此前训练数据类似的数据，比如使用MNIST训练出来的自编码器用来压缩人脸图片，效果肯定会很差，所以自编码器需要处理相关联的数据。

（2）数据有损性。自编码器在解压时得到的输出与原始输入相比，存在信息损失，所以自编码器是一种数据有损的压缩算法。

（3）自动学习性。自编码器是从数据样本中自动学习的，这意味着它很容易对指定类的输入训练出一种特定的编码器，而不需要完成任何新工作。

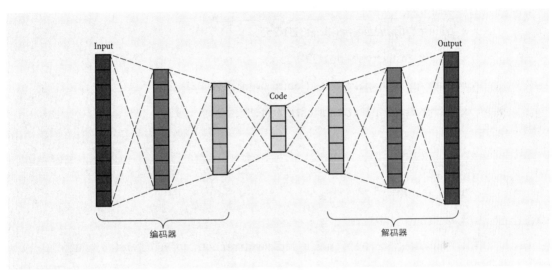

图5.23 自编码器结构

这里可以看到，自编码器在优化过程中无需使用样本的标签，本质上是把样本的输入同时作为神经网络的输入和输出，希望通过最小化重构误差学习到样本的抽象特征表示z。这种无监督的优化方式大大提升了模型的通用性。对于基于神经网络的自编码器模型来说，则是编码部分通过逐层降低神经元个数来对数据进行压缩；解码部分基于数据的抽象表示逐层提升神经元数量，最终实现对输入样本的重构。

自编码器这样的自我学习模型到底有什么作用呢？这个问题的答案关乎无监督学习在深度学习领域的价值。自编码器被认为是解决无监督学习的可能方案，是在没有标签的时候学习数据的有用表达。自编码器通常有两个方面的应用：一是数据去噪，二是为进行可视化而降维。自编码器在适当的维度和系数约束下可以学习到比主成分分析等技术更有意义的数据映射。

5.5.2 自编码器的降噪作用

本小节通过一个简单的示例查看自编码器的降噪效果。

给定MNIST数据集，首先人工给原始数据添加一部分噪声，代码流程如下：

```python
from keras.datasets import mnist
import numpy as np
from matplotlib import pyplot as plt


(x_train, _),(x_test, _)=mnist.load_data()
x_train=x_train.astype('float32')/255.
x_test=x_test.astype('float32')/255.
x_train=np.reshape(x_train,(len(x_train),1,28,28))
x_test=np.reshape(x_test,(len(x_test),1,28,28))


# 给数据添加噪声
noise_factor=0.5


x_train_noisy=x_train+noise_factor*np.random.normal(loc=0.0,scale=1.0,
    size=x_train.shape)
x_test_noisy=x_test+noise_factor*np.random.normal(loc=0.0,scale=1.0,
    size=x_test.shape)
x_train_noisy=np.clip(x_train_noisy,0.,1.)x_test_noisy=np.clip(
    x_test_noisy, 0., 1.)


# 展示添加了噪声后的mnist数据示例：
# 噪声数据展示
n=10
plt.figure(figsize=(20,4))


for i in range(1,n):
    ax=plt.subplot(2,n,i)
    plt.imshow(x_train_noisy[i].reshape(28,28))
```

```
plt.gray()

ax.get_xaxis().set_visible(False)

ax.get_yaxis().set_visible(False)

plt.show()
```

添加的噪声数据展示结果如图5.24所示。

图5.24 降噪数据展示

下面想要自编码器模型对上述经过噪声处理后的数据进行降噪和还原，接下来使用卷积神经网络作为编码和解码模型，完成自编码操作。

```
from keras.layers import Input, Dense, UpSampling2D

from keras.layers import Convolution2D, MaxPooling2D

from keras.models importModel


# 输入维度

input_img=Input(shape=(1,28,28))


# 基于卷积和池化的编码器

x=Convolution2D(32,3,3, activation='relu', border_mode='same')(input_img)

x=MaxPooling2D((2, 2), border_mode='same')(x)

x=Convolution2D(32, 3, 3, activation='relu', border_mode='same')(x)

encoded = MaxPooling2D((2, 2), border_mode='same')(x)


# 基于卷积核上采样的解码器

x=Convolution2D(32, 3, 3, activation='relu', border_mode='same')(encoded)

x=UpSampling2D((2, 2))(x)
```

```
x=Convolution2D(32, 3, 3, activation='relu', border_mode='same')(x)
x=UpSampling2D((2, 2))(x)
decoded = Convolution2D(1, 3, 3, activation='sigmoid', border_mode='same')(x)

# 搭建模型并编译
autoencoder = Model(input_img, decoded)autoencoder.compile(optimizer=
    'adadelta', loss='binary_crossentropy')

# 对噪声数据进行自编码器的训练:
autoencoder.fit(x_train_noisy, x_train, nb_epoch=100, batch_size=128, shuffle=
    True, validation_data=(x_test_noisy, x_test))
```

经过卷积自编码器训练之后的噪声图像还原效果如图5.25所示。

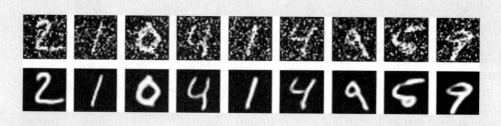

图5.25 卷积自编码器降噪结果展示

添加的噪声基本被消除了，可见自编码器确实是一种较好的数据降噪算法。原始的自编码器就先介绍到这里，下面再来看更加著名的变分自编码器。

5.5.3 变分自编码器

作为一种特殊的编码器模型，变分自编码器（Variational AutoEncoder，VAE）同生成对抗网络（Generative Adversarial Network，GAN）是生成模型的两座大山，变分自编码器特别适用于利用概念向量进行图像生成和编辑的任务。

经典的自编码器由于本身是一种有损的数据压缩算法，在进行图像重构时不会得到效果最佳或者良好结构的潜在空间表达。相较之下，VAE不是将输入图像压缩为潜在空间表示，而是将图像转换为最常见的两个统计分布参数，即均值和标准差。通过使用这两个参数从分布中进行随机采样得到隐变量，最后对隐变量进行解码重构形成输出。由于概率图本身的抽象性，VAE 不是一个容易被理解的模型。

VAE 的结构如图 5.26 所示，主要包括生成模型与分布变换。在统计学习方法中，通过生成方法所学习到的模型就是生成模型。所谓生成方法，就是根据数据学习输入 X 和输出 Y 之间的联合概率分布，然后求出条件概率分布 $p(Y|X)$ 作为预测模型的过程，这种模型便是生成模型。比如，传统机器学习中的朴素贝叶斯模型和隐马尔可夫模型都是生成模型。

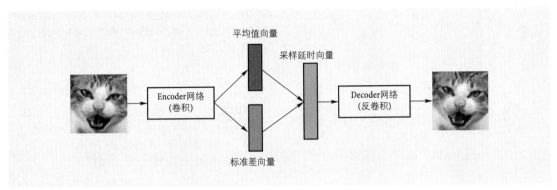

图 5.26 VAE 结构

具体到深度学习和图像领域，生成模型也可以概括为用概率方式描述图像的生成，通过对概率分布采样产生数据。深度学习领域的生成模型的目标一般都很简单：就是根据原始数据构建一个从隐变量 Z 生成目标数据 Y 的模型，只是各个模型有着不同的实现方法。从概率分布的角度来解释就是构建一个模型将原始数据的概率分布转换到目标数据的概率分布，目标就是原始分布和目标分布要越像越好。所以，生成模型本质上就是一种分布变换。

VAE 的技术原理：首先编码器模块将输入图像转换为表示潜在空间中的均值和方差两个参数，这两个参数可以定义潜在空间中的一个正态分布；然后从这个正态分布中进行随机采样；最后由解码器模块将潜在空间中的采样点映射回原始输入图像，从而达到重构的目的。

140

小结

本章回顾了卷积神经网络自1959年至今的发展历程。介绍了卷积神经网络的基本结构，可以理解为通过不同种类基本操作层的"堆叠"，将原始数据表示不经任何人为干预直接映射为高层语义表示，并实现向任务目标映射的过程。介绍了卷积神经网络中的两类基本过程：前馈运算和反馈运算。神经网络模型通过前馈运算对样本进行推理和预测，通过反馈运算将预测误差反向传播并逐层更新参数，如此两种运算依次交替迭代完成模型的训练过程。介绍了卷积神经网络的基本组件：卷积操作、池化操作、激活函数（非线性映射）、全连接层和目标函数。整个卷积神经网络通过这些基本部件的"有机组合"，即可实现将原始数据映射到高层语义，进而得到样本预测标记的功能。以AlexNet、GoogLeNet、VGG、ResNet四种经典卷积网络为例，介绍了深度学习中卷积神经网络结构自2012年至今的发展变化。

习题

1. 基于神经网络的图像识别方法是否优于传统方法？
2. 卷积神经网络中1×1卷积核的作用是什么？
3. 计算3个空洞系数为2的空洞卷积层的感受野大小。
4. 分别解释卷积层、池化层和全连接层的作用。
5. 解释GoogLeNet网络Inception模块的原理。
6. ResNet如何解决梯度消失问题？
7. 使用GoogLeNet或ResNet实现猫狗识别实验。

第6章 序列数据建模

6.1 概述

现实世界中，每时每刻都在产生着各类数据，如文本数据、音频数据、视频数据、用户行为数据等。这类具有时间先后顺序并存在内在依赖关系的数据被称为序列数据。目前，序列数据挖掘在生物信息学、气象预测、风险分析及健康检测等方面得到了广泛应用。

近年来，利用神经网络方法进行序列数据挖掘成为学术界和工业界的热点。从网络结构的角度，神经网络可以分为前馈神经网络（Feedforward Neural Network，FNN）和循环神经网络（Recurrent Neural Network，RNN）。在前馈神经网络中（如图6.1），每个神经元具有明显的层次之分，信息总是从输入层向输出层单向传播。这样的层次结构使得前馈神经网络便于学习，但其当前时刻的输出仅依赖于前一时刻的输入，没有考虑数据之间的关联性，因此难以对时序数据进行建模。实际应用场景中，数据之间存在前后关联，当前时刻的输出不仅取决于该时刻的输入，还与历史数据相关。此处，以一个简单的文本预测任务为例："I live in China. I like eating Chinese <food>."。其中，"I live in China. I like eating Chinese" 是历史数据，当前时刻需要预测的词是 "food"。根据前馈神经网络的思想，将历史数据看作词袋 {I, live, in, China, I, like, eating, Chinese} 单独地理解每一个词，则很难预测出 "food" 这个词。我们更希望有一种具有记忆功能的神经网络来存储历史信息，并辅助预测当前时刻的输出结果。循环神经网络（如图6.2）的出现使得网络具有记忆能力，一定程度上提升了分类预测任务的准确性，推动了序列数据建模的发展。

循环神经网络经历了多年的发展，图6.3展示了其中几个重要进展。1986年，Michael I. Jordan受分布式并行处理思想方法的启发提出了Jordan网络。随后，Jeffrey Elman在其基础上进行了改进，提出了简单循环网络（Simple Recurrent Network，SRN），循环神经网络由此得到了发展。一年后，Sepp Hochreiter发现在对长序列进行学习的时候，循环神经网络会出现梯度消失和梯度爆炸的现象。为了解决这个问题，Hochreiter与其合作者又提出了长短期记忆网络（Long Short-

Term Memory Network，LSTM）。长短期记忆网络被提出后，许多学者又对其进行进一步探索，各类神经网络变体被陆续提出，如BiLSTM、Tree-LSTM、Graph LSTM等。21世纪以来，随着深度学习方法的成熟、数值能力的提升及各类特征学习技术的出现，深度循环神经网络（Deep Recurrent Neural Network，DRNN）在自然语言处理问题中占有优势，因而广泛应用在语音识别、语言建模等实际问题中。

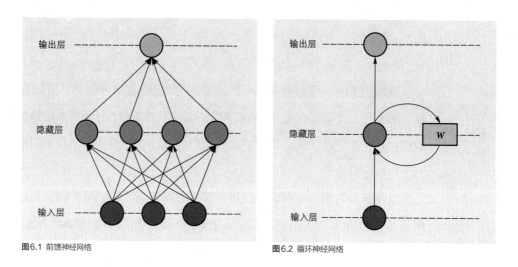

图6.1 前馈神经网络

图6.2 循环神经网络

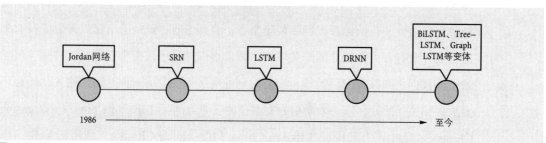

图6.3 循环神经网络的发展过程

6.2 基本结构

循环神经网络模型中包括隐状态、门控机制以及基本计算图等重要的组件及结构。

隐状态：为了考虑序列数据的前后关联性，通过引入隐状态s_t来向当前网络反馈历史信息。给定一个输入序列：$x = x_1, x_2, \cdots, x_t, \cdots, x_T$，隐状态更新如式6.1所示。

$$s_t = f(s_{(t-1)}, x_t) \tag{6.1}$$

其中，初始状态$s_0 = 0$，且f为一个非线性函数。

门控机制：梯度爆炸和梯度消失的问题常常会存在于较长的输入序列中，如前例所示，句子中的"food"，需要前面"I live in China. I like eating Chinese"的相关信息，但是相关信息之间可能存在一定的距离，从而使得之前的相关信息丢失，成为长期依赖问题。因此，引入了门控机制让模型来选择信息的存储和丢失。

计算图：为了形式化计算结构，通常会引入计算图来计算将输入和参数映射到输出和损失这类过程。展开计算图会导致深度网络结构中的参数共享。例如，若s_t为系统的状态，则动态系统的经典形式如式6.2。

$$s_t = f(s_{(t-1)}, \theta) \tag{6.2}$$

因为s在时刻t的定义需要同时参考时刻$t-1$，因此该公式是可循环的。

假设该系统存在有限时间步τ，则其$\tau-1$次可以通过该定义得到展开图。如$\tau = 3$，则通过展开式6.2可知：

$$s_3 = f(s_2, \theta) \tag{6.3}$$

$$s_3 = f(f(s_1, \theta), \theta) \tag{6.4}$$

通过该方式重复利用定义展开等式，可得到不涉及循环的表达。一般使用传统的有向无环计算图表示，如图6.4所示。

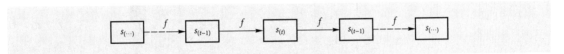

图6.4 展开计算图

图6.4代表式6.2的展开计算图。每个节点代表某个时刻t的状态，通过函数f，t状态映射到了下一个状态，即$t+1$状态当中。在这里，每一个时间步都采用相同的参数（即相同的θ）。

此外，当考虑外部信号x_t驱动该动态系统，则当前状态需要包含之前全部的序列信息。如式6.5所示。

$$s_t = f(s_{(t-1)}, x_t, \theta) \tag{6.5}$$

为了表明状态是网络的隐藏单元，很多参考书中采用式6.6或类似公式，通过采用变量h代表状态重写式6.5定义隐藏单元的值。

$$h_t = f(h_{(t-1)} x_t, \theta) \tag{6.6}$$

当训练一个递归网络进行预测时，该网络通常学习使用$h(t)$作为已知信号。由于该信号将任意长度的序列$(x_t, x_{(t-1)}, x_{(t-2)}, \cdots, x_2, x_1)$映射到一个固定长度为$h(t)$的向量，因此该已知信息往往存在一定的损失。通过不同的学习标准，已知信息会有选择地保留部分过去的序列信号。

在每个时间步中，展开图使用相同参数的转移函数f，还可以使序列长度和学成的模型始终具有相同的输入大小。由此，学习过程在所有时间步骤和所有序列长度下都可采用统一的模型 f，而不再需要在不同时间步中学习额外的模型。这种共享模型的形式可以很好地泛化序列长度。与没有参数共享的模型相比，该模型很好地缩减了训练样本的个数。

6.3 经典模型

6.3.1 简单循环神经网络

传统神经网络模型主要包括一个输入层、一个或多个隐藏层及一个输出层，层与层之间全连接，但每层的神经元之间并不相连。其结构可以被简化为如图6.5所示。

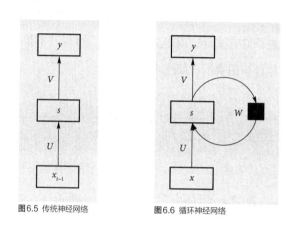

图6.5 传统神经网络   图6.6 循环神经网络

x 一般为一个向量，代表神经网络的输入，其维度等于第一个隐藏层的输入维度。由于语音、文本、视频等这些数据的长度一般是不固定的，因此无法保证每次输入的句子都具有同样数量的因素，这就导致了传统神经网络难以处理序列数据。s 一般用来表示隐藏层的最终输出，其维度由最后一个隐藏层的神经元个数决定。y 表示神经网络的输出值，可以是向量形式也可以是一个具体数值。U 表示输入层和隐藏层之间全连接的权重系数，V 表示隐藏层和输出层之间全连接的权重系数。s 和 y 的计算过程可以用式6.7和式6.8表示，其中 g 表示隐藏层的激活函数，f 表示输出层的激活函数。

$$s = g(U_x + b_s) \tag{6.7}$$

$$y = f(V_s + b_y) \tag{6.8}$$

如图6.5中，传统的前馈神经网络的结构导致了它在处理存在前后依赖关系的信息理解等问题时显得力不从心。对此，循环神经网络作为一种典型的反馈神经网络可以用于处理信息的前后依赖。其结构如图6.6所示。其中，x、s、y 分别表示输入数据、隐藏层输出（隐藏状态）和节点输出。对比图6.5和图6.6，可以发现，循环神经网络相较于传统神经网络增加了一个隐藏层到隐藏层的循环。这样一来，通过短期记忆能力，在自然语言处理、语音识别等领域中面对输入样本具有时间或者空间上的依赖时，可以对这类数据进行更好的建模。简单的循环神经网络假设当前输出不仅与当前节点的输入有关，且与之前的输入也有关，根据此想法对其进行展开，可以帮助理解，其结构如图6.7所示。

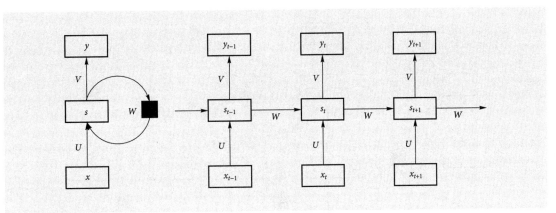

图6.7 循环神经网络展开结构图

循环神经网络展开后，可以清晰地发现隐藏层节点彼此连接，这样下一时刻的隐藏层输入就取决于该时刻输入层数据和上一时刻隐藏层的输出，从而形成了利于记忆历史信息的网络结构。通过式6.9和式6.10表示。

$$s_t = \sigma_s(Ux_t + Ws_{t-1} + b_s) \tag{6.9}$$

$$y_t = \sigma_y(Vs_t + b_y) \tag{6.10}$$

其中，x_{t-1}、x_t、x_{t+1}分别表示上一个时间步、当前时间步及下一个时间步的输入，s_{t-1}、s_t、s_{t+1}同样分别表示3个时间步隐藏状态，y_{t-1}、y_t、y_{t+1}是3个时间步的输出结果，U、V、W是对应的权重系数。σ_s通常是Tanh函数，σ_y表示输出的激活函数。值得注意的是，整个循环神经网络中的权重系数是共享的，即在每次迭代中，循环节点使用相同的权重系数U、W、V、b_s、b_y共同处理所有的时间步。

6.3.2 深度循环神经网络

传统RNN中的计算过程可以简单分解为从输入到隐藏状态，从前一隐藏状态到下一隐藏状态以及从隐藏状态到输出，这部分都与单个权重矩阵相关联。即当网络被展开时，每一个过程都仅对应一个浅层的变换，通常该变换由学习获得的仿射变换和一个固定的非线性函数组成。

循环神经网络可以通过多种方式使其结构变得更深。图6.8（a）所示层次结构中，较低的层起到了将原始输入转化为对更高层的隐藏状态更合适表示的作用。在上述3个步骤中各使用一个单独的多层感知机MLP（可能是深度的），如图6.8（b）所示。在一般情况下，更容易优化较浅的架构，加入图6.8（b）的额外深度导致从时间步t的变量到时间步$t+1$的最短路径变得更长。这可以延长连接不同时间步的最短路径。此外，如图6.8（c）所示，可以引入跳跃连接来缓解路径延长的效应。

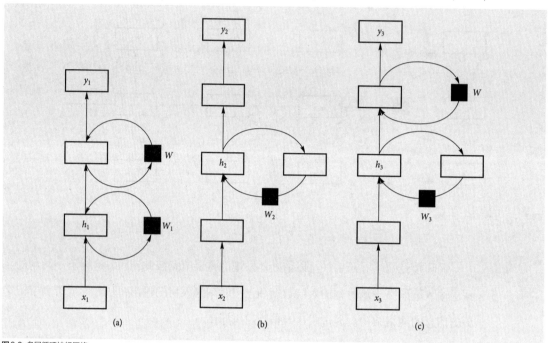

图6.8 多层循环神经网络

6.3.3 长短期记忆网络

长短期记忆网络是基于门控自循环（Gated Recurrent Unit，GRU）循环单元的强化版。长短期记忆网络中引入了3种类型的门，即输入门、遗忘门和输出门，以及与隐藏状态形状相同的记忆细胞。长短期记忆网络的提出解决了循环神经网络短期记忆的问题。与普通的递归网络一样，每个细胞都有相同的输入和输出，区别在于长短期记忆网络存在更多的参数和一个控制信息流的门控细胞系统。不仅如此，长短期记忆网络中的隐藏层还引入了一个内部状态C_t用于内部信息的线性传递。具体结构如图6.9所示。

其中σ表示一个Sigmoid函数，"$\otimes$"表示点乘计算，"$\oplus$"表示加操作，从图6.9中可以看出来，长短期记忆网络神经元中除了由各种门信号、外部状态H_t和内部状态C_t之外，还有一个候选状态$\tilde{C}_t$。

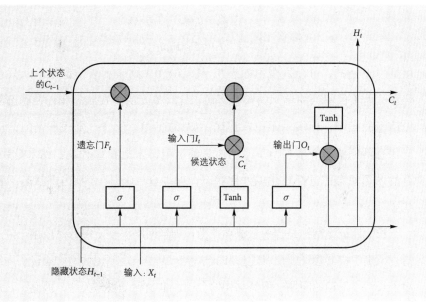

图6.9 长短期记忆网络结构示意图

遗忘门F_t的作用是控制上一个记忆单元有多少记忆要被遗忘，不能传输到当前记忆单元。

假设X_t是当前记忆单元的输入，H_{t-1}表示上一个记忆单元的输出，则遗忘门的计算式如6.11所示。

$$F_t = f(W^f X_t + U^f H_{t-1} + b^f) \tag{6.11}$$

其中W^f、U^f表示对应的权重矩阵参数，b^f表示偏置参数，f一般为Sigmoid函数。候选状态$\widetilde{C}_t$的计算式见6.12。

$$\widetilde{C}_t = \text{Tanh}(W^c X_t + U^c H_{t-1} + b^c) \tag{6.12}$$

其中W^c、U^c表示对应的权重矩阵参数，b^c表示对应的偏置参数。候选状态$\widetilde{C}_t$表示当前记忆单元在整合了输入和上一个记忆单元的输出之后，当前记忆单元可以得到的记忆信息。输入门的计算式如6.13所示。

$$I_t = f(W^i X_t + U^i H_{t-1} + b^i) \tag{6.13}$$

其中W^i、U^i表示对应的权重矩阵参数，b^i表示对应的偏置参数。输入门表示当前单元中的候选记忆有多少记忆需要被保存，传递给下一个记忆单元。最后，输出门的计算式见6.14。

$$O_t = f(W^o X_t + U^o H_{t-1} + b^o) \tag{6.14}$$

其中W^o、U^o表示对应的权重矩阵参数，b^o表示对应的偏置参数，O_t控制内部状态有多少记忆要转换成外部状态。

长短期记忆网络单元中，内部状态和外部状态的更新，如式6.15和式6.16所示。

$$C_t = F_t * C_{t-1} + I_t * \widetilde{C}_t \qquad\qquad (6.15)$$

$$H_t = O_t * \text{Tanh}(C_t) \qquad\qquad (6.16)$$

根据以上公式，可以发现：如果 $F_t = 1$，$I_t = 0$，则表示当前记忆单元只将历史信息保留，而不保留当前单元的候选记忆，此时单元的内在状态和外在状态只受之前历史信息的影响，即表示不更新记忆。如果 $F_t = 0$，$I_t = 1$，则表示当前记忆单元将历史信息不保留，使用当前单元的所有候选记忆来更新 C_t 和 H_t。如果 $O_t = 1$，表示所有的内部状态信息都转化成外部状态，如果 $O_t = 0$，则表示内部状态不转化成外部状态。

长短期记忆网络是当前最成功的循环神经网络模型之一，已应用于许多领域，如语音识别、机器翻译、语音建模和文本生成等。长短期记忆网络通过引入线性连接缓解了长距离依赖的问题，但其结构的合理性也受到了很多关注，因此，长短期记忆网络也在不断地被改进。

6.4 编程实战

6.4.1 利用MindSpore构建RNN模型实现单词分类任务

本小节将使用MindSpore构建一个简单的RNN模型，实现根据拼写内容预测名称的来源。

1. 准备工作

环境配置：首先确保已安装CUDA11.1及以上版本，然后从官网安装MindSpore的GPU版本。

本实验在Linux中使用GPU环境，在Jupyter-Notebook上实现，方便易操作，代码如下：

```
from mindspore import context

context.set_context(mode=context.PYNATIVE_MODE,device_target=
"GPU")
```

数据集下载：数据集是包含18种语言的txt文件集，需要将数据集提取到当前目录下。可用如下代码进行下载和解压（如未出现data文件夹，刷新目录即可）。

```
!wget -N https://mindspore-website.obs.cn-north-4.myhuaweicloud.com/notebook/
    datasets/intermediate/data.zip
!unzip -n data.zip
```

下面是data文件夹里Chinese.txt的部分内容及格式。

Chinese.txt

```
Ang
Au-Yong
Bai
Ban
Bao
Bei
Bian
Bui
Cai
Cao
Cen
Chai
Chaim
Chan
Chang
…
```

2. 数据处理

大部分数据需要将其从Unicode格式转换为ASCII格式，通过Jupyter输入以下代码，具体函数功能见如下代码注释。

```
from io import open
import glob
import os
```

```
import unicodedata
import string


# 定义 find_files 函数，查找符合通配符要求的文件
def find_files(path):
    return glob.glob(path)


# 定义 read_lines 函数，读取文件，并将文件每一行内容的编码转换为 ASCII
def read_lines(filename):
    lines=open(filename,encoding='utf-8').read().strip().split('\n')
    return [unicode_to_ascii(line) for line in lines]


# 定义 unicode_to_ascii 函数，将 Unicode 转换为 ASCII
all_letters=string.ascii_letters + " .,;'"
n_letters=len(all_letters)


def unicode_to_ascii(s):
    return ''.join(
        c for c in unicodedata.normalize('NFD',s)
        if unicodedata.category(c)!='Mn'
        and c in all_letters)


# 定义 category_lines 字典和 all_categories 列表
# category_lines：key 为语言的类别，value 为名称的列表
# all_categories：所有语言的种类
category_lines={}
all_categories=[]


for filename in find_files('data/names/*.txt'):
    category=os.path.splitext(os.path.basename(filename))[0]
    all_categories.append(category)
```

```
    lines=read_lines(filename)

    category_lines[category]=lines


n_categories = len(all_categories)
```

因为字符无法进行正常的数学基本运算，所以需要一种方式将字符转换为可以进行数学运算的形式，通过如下代码转换可实现。

```
import numpy as np
from mindspore import Tensor
from mindspore import dtype as mstype


# 定义 letter_to_index 函数，从 all_letters 列表中查找字母索引
def letter_to_index(letter):
    return all_letters.find(letter)


# 定义 letter_to_tensor 函数，将字母转换成维度是<1 x n_letters>的 one-hot 向量
def letter_to_tensor(letter):
    tensor = Tensor(np.zeros((1,n_letters)),mstype.float32)
    tensor[0,letter_to_index(letter)] = 1.0
    return tensor


# 定义 line_to_tensor 函数，将一行转化为<line_length x 1 x n_letters>的 one-hot 向量
def line_to_tensor(line):
tensor = Tensor(np.zeros((len(line), 1, n_letters)),mstype.float32)
for li, letter in enumerate(line):
    tensor[li,0,letter_to_index(letter)]=1.0
    return tensor
```

3. 网络构建

经过以上的字符转换，可以得到进行数学运算的向量，下面进行网络的构建。此

处构建的RNN只有输出层（i2o）和隐藏层（i2h），其大致结构如图6.10所示。

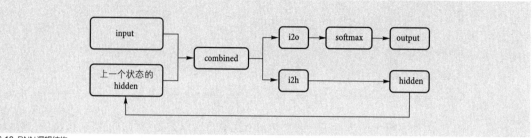

图6.10 RNN逻辑结构

创建RNN具体代码如下：

```
#创建网络
from mindspore import nn, ops


class RNN(nn.Cell):
    def __init__(self,input_size,hidden_size,output_size):
        super(RNN,self).__init__()
        self.hidden_size = hidden_size
        self.i2h = nn.Dense(input_size + hidden_size, hidden_size)
        self.i2o = nn.Dense(input_size + hidden_size, output_size)
        self.softmax = nn.LogSoftmax(axis=1)

    def construct(self,input,hidden):
        op = ops.Concat(axis=1)
        combined = op((input,hidden))
        hidden = self.i2h(combined)
        output = self.i2o(combined)
        output = self.softmax(output)
        return output, hidden

    def initHidden(self):
        return Tensor(np.zeros((1,self.hidden_size)),mstype.float32)
```

```
n_hidden = 128
rnn = RNN(n_letters, n_hidden, n_categories)


# 如下四行是为了运行此网络，需要输入代表当前字符的已转换为可进行数学
# 运算的 one-hot 向量以及上一个字符的隐藏状态（初始为 0）。输出属于每种
# 语言的概率和下一个字符需要输入的隐藏状态。
# 为提高效率，避免在每一步中都创建一个新向量，因此将使用 line_to_tensor
# 而不是 letter_to_tensor，同时采取切片操作。
input = line_to_tensor('Albert')
hidden = Tensor(np.zeros((1,n_hidden)),mstype.float32)
output, next_hidden = rnn(input[0],hidden)
#print(output)
```

4. 模型训练

网络模型的训练包括准备训练和训练网络两部分。具体函数代码如下：

```
import random
import mindspore.ops as ops


# 准备训练


# 定义 category_from_output 函数，获得网络模型输出的最大值，也就是分类类
#   别概率为最大的类别
def category_from_output(output):
    topk = ops.TopK(sorted=True)
    top_n, top_i = topk(output, 1)
    category_i = top_i.asnumpy().item(0)
    return all_categories[category_i], category_i


# 通过 random_training 函数随机选择一种语言和其中一个名称作为训练数据。
# 随机选择
```

```
def random_choice(l):
    return l [random.randint(0, len(l) − 1)]


# 随机选择一种语言和一个名称
def random_training():
    category = random_choice(all_categories)
    line = random_choice(category_lines[category])
    category_tensor = Tensor([all_categories.index(category)], mstype.int32)
    line_tensor = line_to_tensor(line)
    return category, line, category_tensor, line_tensor


# 开始训练
class NLLLoss(nn.LossBase):
    def __init__(self, reduction='mean'):
    super(NLLLoss, self).__init__(reduction)
    self.one_hot = ops.OneHot()
    self.reduce_sum = ops.ReduceSum()


def construct(self, logits, label):
    label_one_hot = self.one_hot(label, ops.shape(logits)[−1], ops.
        scalar_to_array(1.0), ops.scalar_to_array(0.0))
    loss = self.reduce_sum(−1.0 * logits * label_one_hot, (1,))
    return self.get_loss(loss)


criterion = NLLLoss()
```

每个循环训练都会执行如下步骤：① 创建输入和目标向量；② 初始化隐藏状态；③ 学习每个字母并保存下一个字母的隐藏状态；④ 比较最终输出与目标值；⑤ 反向传播梯度变化；⑥ 返回输出和损失值。

由于MindSpore将损失函数、优化器等封装到了Cell中，但是单词分类任务的网络需要循环一个序列长度后再求损失，因此需要定义WithLossCellRnn类，将网络和损失连接起来。

```
import time
import math
class WithLossCellRnn(nn.Cell):
    def __init__(self, backbone, loss_fn):
        super(WithLossCellRnn, self).__init__(auto_prefix=True)
        self._backbone = backbone
        self._loss_fn = loss_fn


    def construct(self, line_tensor, hidden, category_tensor):
        for i in range(line_tensor.shape[0]):
            output, hidden = self._backbone(line_tensor[i], hidden)
            return self._loss_fn(output, category_tensor)
rnn_cf = RNN(n_letters, n_hidden, n_categories)
optimizer = nn.Momentum(filter(lambda x: x.requires_grad, rnn_cf.get_
                        parameters()), 0.001, 0.9)
net_with_criterion = WithLossCellRnn(rnn_cf, criterion)
net = nn.TrainOneStepCell(net_with_criterion, optimizer)
net.set_train()


# 训练网络
def train(category_tensor, line_tensor):
    hidden = rnn_cf.initHidden()
    loss = net(line_tensor, hidden, category_tensor)
    for i in range(line_tensor.shape[0]):
        output, hidden = rnn_cf(line_tensor[i], hidden)
        return output, loss


# 定义 time_since 函数，计算训练运行时间，跟踪训练过程
n_iters = 10000
print_every = 500 # 迭代 500 次打印一次，分别为迭代次数、迭代进度、耗时、
```

损失值、语言名称、预测语言类型、是否正确，若正确，打印√；若错误，则在 × 后打印正确的语言类型

```
plot_every = 100 # 计算损失，将其放进 all_losses 中
current_loss = 0
all_losses = []


def time_since(since):
    now = time.time()
    s = now − since
    m = math.floor(s / 60)
    s −= m * 60
    return '%dm %ds'%(m, s)


# 训练开始
start = time.time()


for iter in range(1, n_iters + 1):
    category, line, category_tensor, line_tensor = random_training()
    output, loss = train(category_tensor, line_tensor)
    current_loss += loss


# 分别打印迭代次数、迭代进度、迭代所用时间、损失值、语言名称、预测语
  言类型、是否正确
if iter % print_every == 0:
    guess, guess_i = category_from_output(output)
    correct = "if guess == category else ' (%s)'% category
    print('%d %d%% (%s) %s %s / %s %s'% (iter, iter / n_iters * 100, time_
        since(start), loss.asnumpy(), line, guess, correct))


# 将 loss 的平均值添加至 all_losses
if iter % plot_every == 0:
```

```
all_losses.append((current_loss / plot_every).asnumpy())
current_loss = 0
```

训练结果如下：

```
500 5% (0m 22s) 2.8431318 Sokolof / Czech (Polish)

1000 10% (0m 43s) 2.3555138 Kotsiopoulos / Greek

1500 15% (1m 3s) 2.8048482 Rzhavin / Irish (Russian)

2000 20% (1m 24s) 2.4722395 Maradona / Spanish

2500 25% (1m 45s) 2.5937872 Jedynak / Polish

3000 30% (2m 6s) 2.6346493 Andrysiak / Czech (Polish)

3500 35% (2m 27s) 2.8222957 Ashdown / Dutch (English)

4000 40% (2m 48s) 2.154625 Bellincioni / Italian

4500 45% (3m 9s) 2.7708986 Daal / German (Dutch)

5000 50% (3m 30s) 2.2919204 Poplawski / Italian (Polish)

5500 55% (3m 51s) 2.6315622 Bhrighde / French (Irish)

6000 60% (4m 13s) 2.4488564 Banh / Vietnamese

6500 65% (4m 35s) 1.2808568 Matsoukis / Greek

7000 70% (4m 57s) 1.9081836 Yuasa / Japanese

7500 75% (5m 18s) 2.524631 Klein / Irish (Dutch)

8000 80% (5m 40s) 2.585413 Shadid / French (Arabic)

8500 85% (6m 1s) 2.3837998 Jang / Chinese (Korean)

9000 90% (6m 22s) 2.9321024 Cucinotta / Japanese (Italian)

9500 95% (6m 43s) 2.2702866 Fionn / Irish

10000 100% (7m 3s) 1.737471 Ferro / Portuguese
```

5. 模型评估

模型训练后，可根据all_losses绘制结果，用matplotlib.pyplot工具进行画图，
代码如下：

158

```
import matplotlib.pyplot as plt


plt.figure()
plt.plot(all_losses)
```

网络学习情况如图6.11所示。

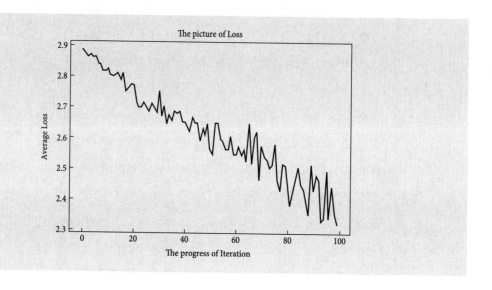

图6.11 训练过程

　　下面创建一个混淆矩阵来查看网络在不同分类上的表现，横坐标为实际语言，纵坐标为预测语言，使用evaluate()函数进行模型推理来计算混淆矩阵，代码如下：

```
# 在混淆矩阵中记录正确预测
confusion = Tensor(np.zeros((n_categories, n_categories)), mstype.float32)
n_confusion = 1000

# 模型推理
def evaluate(line_tensor):
    hidden = rnn_cf.initHidden()
    for i in range(line_tensor.shape[0]):
        output, hidden = rnn_cf(line_tensor[i], hidden)
    return output
```

```
# 运行样本，并记录正确的预测
for i in range(n_confusion):
    category, line, category_tensor, line_tensor = random_training()
    output = evaluate(line_tensor)
    guess, guess_i = category_from_output(output)
    category_i = all_categories.index(category)
    confusion[category_i, guess_i] += 1


for i in range(n_categories):
    confusion[i] / Tensor(np.sum(confusion[i].asnumpy()), mstype.float32)
```

绘制混淆矩阵的图像的代码如下所示，结果评估如图6.12所示。

```
from matplotlib import ticker
# 绘制图表
fig = plt.figure()
ax = fig.add_subplot(111)
cax = ax.matshow(confusion.asnumpy())
fig.colorbar(cax)


# 设定轴
ax.set_xticklabels(['''] + all_categories, rotation=90)
ax.set_yticklabels(['''] + all_categories)


# 在坐标处添加标签
ax.xaxis.set_major_locator(ticker.MultipleLocator(1))
ax.yaxis.set_major_locator(ticker.MultipleLocator(1))


plt.show()
```

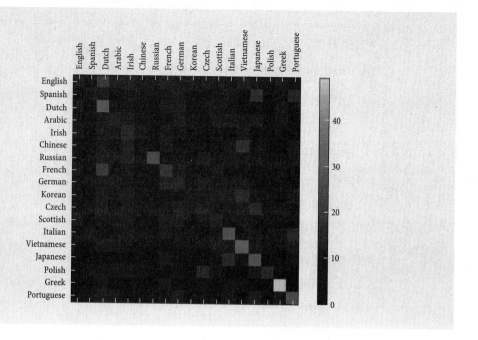

图6.12 结果评估

　　本实验主要介绍了利用MindSpore从环境配置、数据集下载和处理以及网络的构建与训练等，实现单词分类任务，另外阐述了一些简单的任务如正弦预测，如图6.13和图6.14所示，感兴趣的读者可以模仿本案例并查询一些关于正弦图像预测的知识进行实验。

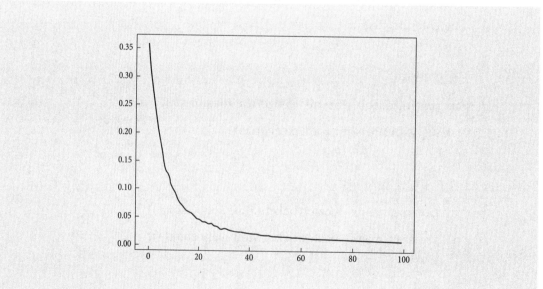

图6.13 训练过程中Loss变化

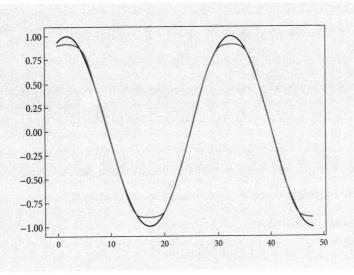

图6.14 sin 预测结果

6.4.2 基于MindSpore的LSTM-IMDB情感分类分享体验

情感分类是文本分类的一个分支，通过对带有感情色彩的主观性文本进行分析和推理，将其分为正面倾向和反面倾向。与文本主题分类不同，情感分类需要从主观的描述信息中分析出个人的态度倾向性，例如，购物网站的买家评论、电影网站的影评及外卖店铺的食客评价等。以影评为例，关于电影《我和我的祖国》的评论：在电影院看过了之后又看了一遍，是2019年看过的电影中觉得最好的电影。通过情感分析网络可以分析出这是一条正面影评，表达了用户正面的情感倾向。下面以IMDB影评情感分类为例，在MindSpore上搭建模型来体验该框架在自然语言处理领域的应用。

1. 准备工作

准备工作主要包括环境配置、数据集下载和相关参数设置。

首先，基于MindSpore框架（CPU版本），在VSCode编译器上新建一个名为"LSTM_emotion_analysis.ipynb"的文件，用于本次代码实践。除了必要的Python包之外，还需要使用下述命令安装gensim依赖包。

```
!pip install gensim
```

数据集来自一个与国内豆瓣网相类似的电影网站IMDB，而本次实验用到的数据来自网站中的用户评论集合。IMDB数据集一共包含50 000项影评文本，训练数据和测试数据各25 000项，每一项影评文本都被标记为正面评价或者负面评价，因此本实验可以看成一个二分类问题。

本实验所需要的数据集可以通过以下两种方式获得：

方式一，从斯坦福大学官网下载 aclImdb_v1.tar.gz 并解压。

方式二，从华为云 OBS 中下载 aclImdb_v1.tar.gz 并解压。

若使用方式二下载数据，可使用如下代码下载并解压。

```
!wget https://mindspore-website.obs.myhuaweicloud.com/notebook/datasets/
    aclImdb_v1.tar.gz -N --no-check-certificate
!mkdir -p datasets
# 每解压1 000个文件将在底部追加打印一个黑点
!if [ ! -d "datasets/aclImdb" ];then tar -C datasets --checkpoint=1000 --
    checkpoint-action=dot -xzf aclImdb_v1.tar.gz;fi
```

在预处理之前，需要利用 GloVe 工具，并在文件 glove.6B.200d.txt 开头处添加新的一行 400000 200，表示读取 400 000 个单词，每个单词用 200 维度的词向量表示。

```
!wget -N https://mindspore-website.obs.myhuaweicloud.com/notebook/
    datasets/glove.6B.zip --no-check-certificate
!unzip -o glove.6B.zip -d datasets/glove
!sed -i '1i 400000 200'datasets/glove/*
!mkdir -p preprocess ckpt
```

修改后的 glove.6B.200.txt 如下：

```
400000 200
the -0.071549 0.093459 0.023738 -0.090339 0.056123 0.32547···
```

在训练之前，使用 parser 模块设置模型的相关参数。

```
import argparse
from mindspore import context
from easydict import EasyDict as edict
```

```
# 定义LSTM中的相关配置
lstm_cfg = edict({
'num_classes': 2, # 二分类
'learning_rate': 0.1, # 学习率
'momentum': 0.9,
'num_epochs': 10,
'batch_size': 64,
'embed_size': 300,
'num_hiddens': 100,
'num_layers': 2,
'bidirectional': True, # 双向
'save_checkpoint_steps': 390,
'keep_checkpoint_max': 10
})


cfg = lstm_cfg


parser = argparse.ArgumentParser(description='MindSpore LSTM Example')
parser.add_argument('--preprocess', type=str, default='false', choices=
    ['true','false'],help='whether to preprocess data.')
parser.add_argument('--aclimdb_path', type=str, default="./datasets/
aclImdb",help='path where the dataset is stored.')
parser.add_argument('--glove_path', type=str, default="./datasets/glove",
help='path where the GloVe is stored.')
parser.add_argument('--preprocess_path', type=str, default="./preprocess",
help='path where the pre-process data is stored.')
parser.add_argument('--ckpt_path', type=str, default="./models/ckpt/
    nlp_application",help='the path to save the checkpoint file.')
parser.add_argument('--pre_trained', type=str, default=None,
help='the pretrained checkpoint file path.')
parser.add_argument('--device_target', type=str, default="GPU",
```

```
        choices=['GPU','CPU'],
help='the target device to run, support "GPU", "CPU". Default: "GPU".')


args = parser.parse_args(['--device_target', 'GPU', '--preprocess', 'true'])
# 设置上下文
context.set_context(
mode=context.GRAPH_MODE,
save_graphs=False,
device_target=args.device_target)
```

2. 数据处理

首先对文本数据集进行处理，包括编码、分词、对齐、处理GloVe原始数据，将原始数据转换为mindrecord数据，使之能够适应网络结构。

```
import os
from itertools import chain
import numpy as np
import gensim
from mindspore.mindrecord import FileWriter
class ImdbParser():
  # 解析原始数据集，获得 features 与 labels
  def __init__(self, imdb_path, glove_path, embed_size=300):
    self.__segs = ['train', 'test']
    self.__label_dic = {'pos': 1,'neg': 0}
    self.__imdb_path = imdb_path
    self.__glove_dim = embed_size
    self.__glove_file = os.path.join(glove_path,'glove.6B.'+ str(self.__glove_
                              dim) + 'd.txt')
    # 属性值
    self.__imdb_datas = {}
```

```python
        self.__features = {}
        self.__labels = {}
        self.__vacab = {}
        self.__word2idx = {}
        self.__weight_np = {}
        self.__wvmodel = None


def parse(self):
# 解析 imdb data
    self.__wvmodel = gensim.models.KeyedVectors.load_word2vec_
        format(self.__glove_file)
    for seg in self.__segs: # ['train', 'test']
        self.__parse_imdb_datas(seg)
        self.__parse_features_and_labels(seg)
        self.__gen_weight_np(seg)


def __parse_imdb_datas(self, seg):
# 从原始文本中加载数据
    data_lists = []
    for label_name, label_id in self.__label_dic.items():
        sentence_dir = os.path.join(self.__imdb_path, seg, label_name)
        for file in os.listdir(sentence_dir):
            with open(os.path.join(sentence_dir, file), mode='r', encoding='utf8') as f:
            sentence = f.read().replace('\n','')
            data_lists.append([sentence, label_id])
            self.__imdb_datas[seg] = data_lists


def __parse_features_and_labels(self, seg):
# 解析 features 与 labels
    features = []
```

```python
        labels = []
        for sentence, label in self.__imdb_datas[seg]:
            features.append(sentence)
            labels.append(label)

            self.__features[seg] = features
            self.__labels[seg] = labels

            self.__updata_features_to_tokenized(seg)
            self.__parse_vacab(seg)
            self.__encode_features(seg)
            self.__padding_features(seg)


    def __updata_features_to_tokenized(self, seg):
    # 切分原始语句
        tokenized_features = []
        for sentence in self.__features[seg]:
        tokenized_sentence = [word.lower() for word in sentence.split(" ")]
        tokenized_features.append(tokenized_sentence)
        self.__features[seg] = tokenized_features


    def __parse_vacab(self, seg):
    # 构建词汇表
        tokenized_features = self.__features[seg]
        vocab = set(chain(*tokenized_features))
        self.__vacab[seg] = vocab


    # word_to_idx: {'hello': 1,'world':111,... '<unk>': 0}
        word_to_idx = {word: i + 1 for i, word in enumerate(vocab)}
        word_to_idx['<unk>'] = 0
```

```python
        self.__word2idx[seg] = word_to_idx


    def __encode_features(self, seg):
    # 词汇编码
        word_to_idx = self.__word2idx['train']
        encoded_features = []
        for tokenized_sentence in self.__features[seg]:
            encoded_sentence = []
            for word in tokenized_sentence:
                encoded_sentence.append(word_to_idx.get(word, 0))
                encoded_features.append(encoded_sentence)
                self.__features[seg] = encoded_features


    def __padding_features(self, seg, maxlen=500, pad=0):
    # 将所有features填充到相同的长度
        padded_features = []
        for feature in self.__features[seg]:
            if len(feature) >= maxlen:
                padded_feature = feature[:maxlen]
            else:
                padded_feature = feature
            while len(padded_feature) < maxlen:
                padded_feature.append(pad)
                padded_features.append(padded_feature)
                self.__features[seg] = padded_features


    def __gen_weight_np(self, seg):
    # 使用gensim获取权重
        weight_np = np.zeros((len(self.__word2idx[seg]), self.__glove_dim),
                            dtype=np.float32)
```

```
        for word, idx in self.__word2idx[seg].items():
            if word not in self.__wvmodel:
                continue
            word_vector = self.__wvmodel.get_vector(word)
            weight_np[idx, :] = word_vector


        self.__weight_np[seg] = weight_np


    def get_datas(self, seg):
    # 返回 features, labels, weight
        features = np.array(self.__features[seg]).astype(np.int32)
        labels = np.array(self.__labels[seg]).astype(np.int32)
        weight = np.array(self.__weight_np[seg])
        return features, labels, weight


    def _convert_to_mindrecord(data_home, features, labels, weight_np=None,
                                training=True):
    # 将原始数据集转换为 mindrecord 格式
        if weight_np is not None:
            np.savetxt(os.path.join(data_home,'weight.txt'),weight_np)


        # 写入 mindrecord
        schema_json = {"id": {"type": "int32"},
        "label": {"type": "int32"},
        "feature": {"type": "int32", "shape": [-1]}}
        data_dir = os.path.join(data_home, "aclImdb_train.mindrecord")
        if not training:
            data_dir = os.path.join(data_home, "aclImdb_test.mindrecord")


    def get_imdb_data(features, labels):
        data_list = []
```

```python
    for i,(label, feature) in enumerate(zip(labels, features)):
        data_json = {"id": i,
        "label": int(label),
        "feature": feature.reshape(-1)}
        data_list.append(data_json)
    return data_list


    writer = FileWriter(data_dir, shard_num=4)
    data = get_imdb_data(features, labels)
    writer.add_schema(schema_json, "nlp_schema")
    writer.add_index(["id", "label"])
    writer.write_raw_data(data)
    writer.commit()


def convert_to_mindrecord(embed_size, aclimdb_path, preprocess_path,
                          glove_path):
    # 将原始数据集转换为mindrecord格式
    parser = ImdbParser(aclimdb_path, glove_path, embed_size)
    parser.parse()


    if not os.path.exists(preprocess_path):
        print(f"preprocess path {preprocess_path} is not exist")
        os.makedirs(preprocess_path)


    train_features, train_labels, train_weight_np = parser.get_datas('train')
    _convert_to_mindrecord(preprocess_path, train_features, train_
                           labels,train_weight_np)


    test_features, test_labels, _ = parser.get_datas('test')
    _convert_to_mindrecord(preprocess_path, test_features, test_labels,
                           training=False)
```

```
if args.preprocess == "true":
    os.system("rm −f ./preprocess/aclImdb* weight*")
    print("=============== Starting Data Pre−processing
           =============")
    convert_to_mindrecord(cfg.embed_size, args.aclimdb_path, args.
        preprocess_path,args.glove_path)
    print("= = = = = = = = = = = = = = = = = = = = = Successful
           =====================")
```

然后定义创建数据集的函数 lstm_create_dataset，用于创建训练集 ds_train 和后续的验证集 ds_eval。同时，创建字典迭代器读取 ds_train 中的数据。

```
import os
import mindspore.dataset as ds


def lstm_create_dataset(data_home, batch_size, repeat_num=1, training=
    True):
  # 创建数据集（训练/测试）
  ds.config.set_seed(1)
  data_dir = os.path.join(data_home, "aclImdb_train.mindrecord0")
  if not training:
      data_dir = os.path.join(data_home, "aclImdb_test.mindrecord0")
      data_set = ds.MindDataset(data_dir, columns_list=["feature", "label"],
                                num_parallel_workers=4)
  # 对数据集进行 shuffle、batch 与 repeat 操作
  data_set = data_set.shuffle(buffer_size=data_set.get_dataset_size())
  data_set = data_set.batch(batch_size=batch_size, drop_remainder=True)
  data_set = data_set.repeat(count=repeat_num)
  return data_set
  # 获得数据集 ds_train
  ds_train = lstm_create_dataset(args.preprocess_path, cfg.batch_size)
```

```
iterator = next(ds_train.create_dict_iterator())
first_batch_label = iterator["label"].asnumpy()
first_batch_first_feature = iterator["feature"].asnumpy()[0]
print(f"第一个batch包含的label如下:\n{first_batch_label}\n")
print(f"在第一个batch中的第一个item的特征向量如下:\n{first_batch_first_
    feature}")
```

打印相关结果如图6.15所示。

```
The first batch contains label below:
[0 0 1 1 1 0 0 0 0 0 0 1 0 0 1 0 1 1 0 0 0 0 1 1 1 0 1 1 1 0 0 1 0 0 1 0
 0 0 0 0 1 0 0 1 1 1 0 0 0 1 1 1 1 0 1 0 0 1 1 0 1 1 0]

The feature of the first item in the first batch is below vector:
[213636 229674   4704  27094 160975 175133 144527 233534  96635 140236
 213636  51667  45982 138522 211733 102994 200934 125271  85104 116967
  21651  20996 129222  58927 207146  68639 113609  39061 114039 129222
 165987 198396  79473 101641 198332  65986  20996 108544  58927  45982
 164330  90742  57423 198396  78166  93251  18811  48203  58927 186652
 173356 164330  71400 219135 198332 138918 129222  20996 100000  24802
 198332  63562 232846 181270  77870 165987 198332 197513 243618 225326
  65074 164330 160312  31476 190894  85817  62207  31476 190894 166477
 166904  45982  43608 222068 198332  61635 161935  31476 143956  45982
 143956 213636 164330 102154 155689 190894  58050 129222  45155 164330
   5476  77870  45982 166477 143956  31476 182511  78802  33872 133818
 213636 190894  84700  69523 229204 245935  26336 250515 129222 107973
 127397 200635 229204  85802 107973 207584 198396  68928 102994 166477
  77870 164330  37867  45982 184736 163062 167347 213636 220199  45155
 165987  20996  18811  68639 214277 223241 207146 192065  77870 127397
 116982  45982 144663 250877 132194 113611  31476  45604 144663  54034
  39844 219962 164330 166950 245286 243618  45982  64266 213636  89373
 219135 145105 198332 173317 213636 241380 125041  75743  33722 216122
 242002 164330  84878 150023  96635 154936 119795  19127 213636 120280
  74206 135554 101641 198332 183897 197439 213636 149838 157513 128763

show more (open the raw output data in a text editor) ...

 137190  44374 169205 227845  95957 240498 155689 219135   4704 107499
  41010 135431   3607  44262 113718  22976  43919 221132 126287 186764
 159320  20355 230222 102994 210305  48961 113681 102994   4704 170227
 219135 175329 198332 196482 152983  30219 166950  77870 164330 157949
 121337 207146 149079 177868  77729 119795  29707  19706  77870 164330]
```

图6.15 训练数据集特征

3. 网络构建

定义需要单层LSTM小算子堆叠的设备类型。

```
STACK_LSTM_DEVICE = ["CPU"]
```

对于GPU平台，定义lstm_default_state函数来初始化网络参数及网络状态。

```
# 将短期记忆(h)和长期记忆(c)初始化为0
def lstm_default_state(batch_size, hidden_size, num_layers, bidirectional):
    #LSTM输入初始化
    num_directions = 2 if bidirectional else 1
    h = Tensor(np.zeros((num_layers * num_directions, batch_size, hidden_
        size)).astype(np.float32))
    c = Tensor(np.zeros((num_layers * num_directions, batch_size, hidden_
        size)).astype(np.float32))
    return h, c
```

对于CPU平台，定义stack_lstm_default_state函数来初始化小算子堆叠需要的初始化网络参数及网络状态。

```
def stack_lstm_default_state(batch_size, hidden_size, num_layers, bidirectional):
    # STACK LSTM网络输入初始化
    num_directions = 2 if bidirectional else 1
    h_list = c_list = []
    for _ in range(num_layers):
        h_list.append(Tensor(np.zeros((num_directions, batch_size, hidden_
                    size)).astype(np.float32)))
        c_list.append(Tensor(np.zeros((num_directions, batch_size, hidden_
                    size)).astype(np.float32)))
        h, c = tuple(h_list), tuple(c_list)
    return h, c
```

针对CPU场景，自定义单层LSTM小算子堆叠，来实现多层LSTM大算子功能，代码如下所示。

```
class StackLSTM(nn.Cell):
  # 实现堆叠LSTM
  def __init__(self,
    input_size,
    hidden_size,
    num_layers=1,
    has_bias=True,
    batch_first=False,
    dropout=0.0,
    bidirectional=False):
    super(StackLSTM, self).__init__()
    self.num_layers = num_layers
    self.batch_first = batch_first
    self.transpose = ops.Transpose()

    num_directions = 2 if bidirectional else 1

    input_size_list = [input_size]
    for i in range(num_layers - 1):
      input_size_list.append(hidden_size * num_directions)

    # LSTMCell为单层RNN结构，通过堆叠LSTMCell可完成StackLSTM
    layers = []
    for i in range(num_layers):
      layers.append(nn.LSTMCell(input_size=input_size_list[i],
      hidden_size=hidden_size,
      has_bias=has_bias,
      batch_first=batch_first,
      bidirectional=bidirectional,
      dropout=dropout))
```

```
        # 权重初始化
        Weights = []
        for i in range(num_layers):
            weight_size = (input_size_list[i] + hidden_size) * num_directions *
                hidden_size * 4
            if has_bias:
              bias_size = num_directions * hidden_size * 4
              weight_size = weight_size + bias_size

            stdv = 1 / math.sqrt(hidden_size)
            w_np = np.random.uniform(−stdv, stdv, (weight_size, 1, 1)).astype(np.
                            float32)

            weights.append(Parameter(initializer(Tensor(w_np), w_np.shape),
                        name="weight" +str(i)))

        self.lstms = layers
        self.weight = ParameterTuple(tuple(weights))


    def construct(self, x, hx):
    # 构建网络
    if self.batch_first:
      x = self.transpose(x, (1, 0, 2))
      h, c = hx
      hn = cn = None
      for i in range(self.num_layers):
        x, hn, cn, _, _ = self.lstms[i](x, h[i], c[i], self.weight[i])
      if self.batch_first:
        x = self.transpose(x, (1, 0, 2))
      return x, (hn, cn)
```

使用Cell方法定义 SentimentNet 网络。

```
class SentimentNet(nn.Cell):
# 构建SentimentNet
  def __init__(self,
    vocab_size,
    embed_size,
    num_hiddens,
    num_layers,
    bidirectional,
    num_classes,
    weight,
    batch_size):
      super(SentimentNet, self).__init__()
      # 对数据中的词汇进行降维
      self.embedding = nn.Embedding(vocab_size,
      embed_size,
      embedding_table=weight)
      self.embedding.embedding_table.requires_grad = False
      self.trans = ops.Transpose()
      self.perm = (1, 0, 2)


      # 判断是否需要堆叠LSTM
      if context.get_context("device_target") in STACK_LSTM_DEVICE:
      self.encoder = StackLSTM(input_size=embed_size,
      hidden_size=num_hiddens,
      num_layers=num_layers,
      has_bias=True,
      bidirectional=bidirectional,
      dropout=0.0)
      self.h, self.c = stack_lstm_default_state(batch_size, num_hiddens,
        num_layers,bidirectional)
```

```
else:
    self.encoder = nn.LSTM(input_size=embed_size,
    hidden_size=num_hiddens,
    num_layers=num_layers,
    has_bias=True,
    bidirectional=bidirectional,
    dropout=0.0)
    self.h, self.c = lstm_default_state(batch_size, num_hiddens, num_
        layers,bidirectional)

self.concat = ops.Concat(1)
if bidirectional:
    self.decoder = nn.Dense(num_hiddens * 4, num_classes)
else:
    self.decoder = nn.Dense(num_hiddens * 2, num_classes)

def construct(self, inputs):
    # input： (64,500,300)
    embeddings = self.embedding(inputs)
    embeddings = self.trans(embeddings, self.perm)
    output, _ = self.encoder(embeddings, (self.h, self.c))
    # states[i] size(64,200) -> encoding.size(64,400)
    encoding = self.concat((output[0], output[499]))
    outputs = self.decoder(encoding)
    return outputs
```

实例化SentimentNet，创建网络。

```
embedding_table = np.loadtxt(os.path.join(args.preprocess_path, "weight.
    txt")).astype(np.float32)
network = SentimentNet(vocab_size=embedding_table.shape[0],
```

```
embed_size=cfg.embed_size,
num_hiddens=cfg.num_hiddens,
num_layers=cfg.num_layers,
bidirectional=cfg.bidirectional,
num_classes=cfg.num_classes,
weight=Tensor(embedding_table),
batch_size=cfg.batch_size)
```

4. 模型训练

加载训练数据集ds_train并配置好CheckPoint生成信息，然后使用model.train接口，进行模型训练。

```
from mindspore import Model
from mindspore.train.callback import CheckpointConfig, ModelCheckpoint,
    TimeMonitor, LossMonitor
from mindspore.nn import Accuracy
from mindspore import nn


os.system("rm -f {0}/*.ckpt {0}/*.meta".format(args.ckpt_path))
loss = nn.SoftmaxCrossEntropyWithLogits(sparse=True, reduction='mean')
opt = nn.Momentum(network.trainable_params(), cfg.learning_rate, cfg.
                    momentum)
model = Model(network, loss, opt, {'acc': Accuracy()})
loss_cb = LossMonitor(per_print_times=78)
print("============== Starting Training ==============")
config_ck = CheckpointConfig(save_checkpoint_steps=cfg.save_checkpoint_
steps,keep_checkpoint_max=cfg.keep_checkpoint_max)
ckpoint_cb = ModelCheckpoint(prefix="lstm", directory=args.ckpt_path,
    config=config_ck)
time_cb = TimeMonitor(data_size=ds_train.get_dataset_size())
if args.device_target == "CPU":
```

```
    model.train(cfg.num_epochs, ds_train, callbacks=[time_cb, ckpoint_cb,
        loss_cb],dataset_sink_mode=False)
else:
    model.train(cfg.num_epochs, ds_train, callbacks=[time_cb, ckpoint_cb,
            loss_cb])
print("============= Training Success ==============")
```

在GPU上训练用时约7分钟，在CPU上训练需约5小时。模型的loss值随着训练逐步降低，最后达到0.30左右。

5. 模型评估

使用最后保存的CheckPoint文件加载验证数据集，进行验证。

```
from mindspore import load_checkpoint, load_param_into_net
args.ckpt_path_saved = f'{args.ckpt_path}/lstm-{cfg.num_epochs}_390.ckpt'
print("============= Starting Testing ==============")
ds_eval = lstm_create_dataset(args.preprocess_path, cfg.batch_size, training=
    False)
param_dict = load_checkpoint(args.ckpt_path_saved)
load_param_into_net(network, param_dict)
if args.device_target == "CPU":
    acc = model.eval(ds_eval, dataset_sink_mode=False)
else:
    acc = model.eval(ds_eval)
print("============= {} ==============".format(acc))
```

输出如图6.16所示，可以看到使用验证的数据集，对文本的情感分析正确率在85.4%左右，基本达到一个满意的结果。

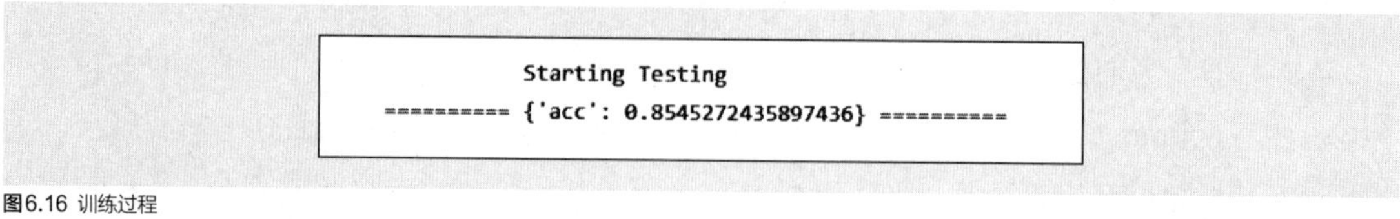

```
                    Starting Testing
    ========== {'acc': 0.8545272435897436} ==========
```

图6.16 训练过程

小结

本章主要介绍了基于深度学习的序列数据建模方法。包括序列数据建模的发展历史、基本结构以及3种经典的序列模型。其中，对于序列数据建模的经典模型做了详细的介绍，包括简单循环神经网络、深度循环神经网络以及长短期记忆网络。通过具体的编程实战加强读者对循环神经网络结构和序列数据建模的理解，可以更好地使用MindSpore处理自然语言中情感分类问题，理解如何通过定义和初始化基于LSTM的SentimentNet网络进行训练模型及验证正确率。

习题

1. 比较DNN、CNN和RNN的内部网络之间的区别。
2. 思考从RNN到LSTM模型经历了哪些改进。
3. 为什么循环神经网络可以往前看任意多个输入值呢？
4. 为什么RNN会产生梯度爆炸和梯度消失问题呢？
5. 计算GRU网络中参数的梯度，并分析其避免梯度消失的效果。
6. 计算LSTM中参数的梯度，并分析其避免梯度消失的效果。
7. 解释GRU与LSTM之间的区别。
8. 除循环神经网络外，还有哪些方法能编码序列数据？
9. 思考其他方法与RNN之间的共同点和不同点。
10. 尝试用RNN方法解决更多自然语言处理问题。
11. 尝试用MindSpore实现RNN进行情感分析。

模型优化篇

第7章 模型优化

7.1 模型压缩

深度神经网络模型已经广泛应用于多个领域, 如模式识别、自然语言处理、语音识别等。然而随着深度学习技术研究的不断进展, 为了获得更好的效果, 深度神经网络模型逐渐向更深层和更复杂的方向发展, 这使得模型参数的数量大幅度增加, 并带来更大的存储需求和计算资源消耗。面对一些硬件条件较差的实际应用场景, 比如嵌入式设备和移动终端, 模型难以部署和运行, 因此需要减少内存与计算的占用量。

模型压缩方法的目标是在尽可能保留现有深度神经网络模型表现的前提下, 有效地剔除冗余信息、减小模型存储空间。为了寻找解决方案, 需要融合多方面的知识, 比如机器学习、最优化方法、计算机体系结构、压缩算法和硬件设计等。鉴于上述情况, 研究者们对模型压缩的相关方向进行了深入的研究, 从多个角度提出了不同的算法, 常用的模型压缩方法如下:

- 剪枝
- 低秩分解
- 模型量化
- 权值共享
- 知识蒸馏

7.1.1 剪枝

神经网络剪枝起初是用于解决过拟合问题, 现在更多地被用于降低网络复杂度。通过剔除神经网络中的冗余参数和连接, 将一个复杂度较高的网络模型修剪为一个复杂度较低的网络, 有效地压缩了模型的大小, 同时也在一定程度上解决了过拟合问题。通常情况下, 需要训练一个大型的、参数冗余化的模型, 通过剪枝操作剔除冗余, 以保证模型的高效性。神经网络剪枝就是通过剔除权重矩阵中相对冗余的权值, 然后再重新训练网络进行微调, 如图7.1所示。1990年 LeCun 等人提出了"最佳脑损伤"的方法对网络进行剪枝, 通过剔除一些不重要的权重, 有效加速网络的推理速

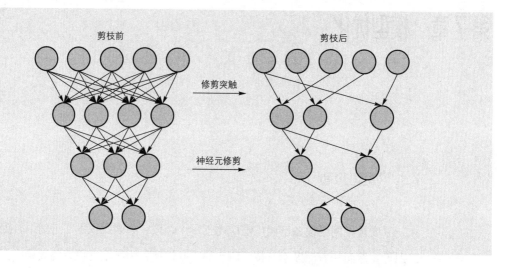

图7.1 剪枝

度，同时提升泛化性能。近年来，研究者提出了各种各样有效的剪枝方法，即使算法的细节有所不同，整体的框架却都是相似的。常见的框架流程如下。

（1）初始化一个大型的、参数冗余化的深度神经网络模型，通过训练得到一个高性能的模型。过度参数化的大型模型可以从中安全地删除冗余的参数而不会导致模型的准确性降低。

（2）衡量神经元的重要程度。神经元的定义可以是滤波器，也可以是通道。首先确定一个需要剪枝的层，可以是基于神经元的方案，也可以是基于梯度的方案，然后设定一个裁剪阈值或者比例进行重要程度的衡量，不同方案的计算复杂度与效果都有很大区别。

（3）裁剪一部分不重要的神经元。根据上一步衡量的结果，按照设定的阈值或者比例移除掉不满足条件的神经元。

（4）模型微调。经过剪枝后，网络模型的精度会受到影响，因此为了尽可能保留模型的性能，必须对存储模型参数的稀疏矩阵进行微调。为了提高对存储空间的利用率，仅存储非零值及其所在的矩阵坐标。这样，通过还原矩阵就可以读取模型参数。

基于以上框架流程，Han等人提出了一个简单而有效的方法。首先将低于某个阈值的权重连接全部减除，然后对剪枝后的模型网络进行微调，如此反复迭代更新参数，直到模型在性能和规模上达到较好的平衡。最终，在保持网络分类精度不下降的前提下，可以将参数数量减少到原来的1/10左右。经过剪枝后的网络呈现出随机稀疏化的结构，即被减除的网络连接在分布上没有任何的连续性，硬件实现的过程中难以很好地实现对网络的加速和压缩，同时由于结构的改变，使得剪枝之后的网络模型极度依赖于平台应用。因此，后来的研究者逐渐提出了许多结构化的剪枝策略，包括滤波器剪枝和通道剪枝等方法。

滤波器剪枝：直接除掉整个滤波器。模型的效率得到有效的提升，模型的大小得到有效的压缩，而剪枝后网络的通用性也不会受到影响。这类算法的核心在于如何衡量滤波器的重要程度，通过移除掉不重要的滤波器来减小对模型准确度和通用性的破坏。

通道剪枝：直接删除网络中卷积层的整个通道。因为删除通道意味着相关的神经元也会被删除，裁剪力度很大，导致精度的损失也相对较大。通道剪枝的优点是不会产生稀疏矩阵。

剪枝操作对网络结构的破坏程度极小，这种良好的特性往往被用于网络压缩过程的前端处理。将剪枝与其他后端压缩技术相结合，能够达到网络模型的最大程度压缩。总体而言，剪枝是一项有效减小模型复杂度的通用压缩技术，其关键是如何衡量删除个别权重对于整体模型的影响程度。在这个问题上，人们对各种权重选择策略也是众说纷纭，尤其是对于深度学习，几乎不可能从理论上确保某一种选择策略是最优的。

7.1.2 低秩分解

在卷积神经网络中，卷积核可以看成是一个矩阵或张量，卷积操作由矩阵相乘完成。在实际应用中，权重矩阵通常非常庞大且稠密，这将导致计算和存储的成本非常高。为了有效地降低成本，就要进行模型压缩。低秩分解是将稠密矩阵分解为若干个小规模矩阵，从而降低网络模型存储和计算开销的方法。

低秩分解主要有矩阵分解和结构化矩阵重构两种方法，直接使用矩阵分解来减少权重矩阵的参数是一种比较简便的方法。比如使用奇异值分解（Singular Value Decomposition，SVD）来重构全连接层的权重。通常情况下，先对权重矩阵进行奇异值分解，然后根据奇异矩阵中的数值分布情况，选择保留前 k 个最大项。于是，可以通过两个矩阵相乘的形式来重构原矩阵。再结合其他技术，利用矩阵分解能够将卷积层压缩到原来的 $1/3 \sim 1/2$，将全连接层压缩到原来的 $1/13 \sim 1/5$，速度提升 2 倍左右，而精度损失则被控制在了 1% 之内。

结构化矩阵重构使用一系列拥有特殊结构的矩阵，如 Toeplitz 矩阵，该矩阵的特点是任意一条平行于主对角线的直线上的元素都相同。Sindhwani 等人提出的低秩分解方法就使用了 Toeplitz 矩阵，如式 7.1。

$$W = \alpha_1 T_1 T_2^{-1} + \alpha_2 T_3 T_4^{-1} T_5 \tag{7.1}$$

其中，W为原权重矩阵，T为Toeplitz矩阵，而每一个Toeplitz矩阵T都可以通过置换操作被转换为一个非常低秩的矩阵。但该低秩矩阵与原矩阵并不存在直接的等价性，为了保证两者之间的等价性，还需借助一定的数学工具，如Krylov分解，以达到使用低秩矩阵来重构原结构化矩阵的目的，从而减少存储开销。计算方面可使用快速傅里叶变换实现加速。最终，这样一个与矩阵相乘的计算过程，不仅使模型在部分小数据集上压缩效果十分明显，而且显著提高了模型的精度。

7.1.3 模型量化

相较于之前的方法，模型量化从不同的角度对模型进行了压缩，包括低精度和重编码两种方法。模型量化是深度学习常用的优化手段，通过减少每个权重的比特数来压缩原始网络。对于卷积神经网络来说，网络模型权重都是单精度浮点型32位。低精度方法使用更低位数的浮点数或整型数对其进行训练；重编码方法对原有数据进行重编码，采用更少的位数对原有数据进行表示。

通常情况下，只需要使用量化工具将训练好的模型执行量化操作，即可实现模型的量化。模型量化的可应用模型和应用场景十分广泛。在许多情况下，只是希望通过压缩权重或量化权重和激活输出来缩小模型而不必重新训练模型。训练后量化就是这种可以在有限的数据条件下完成量化的技术。训练后量化操作简单，只需要使用量化工具将训练好的模型执行量化操作，即可实现模型的量化。训练后量化分为仅对权重量化和对权重与激活输出都量化两种。此外，还有训练时量化。

除了量化的时机，模型量化的方式也很重要，即如何建立定点与浮点之间的联系，使得以较小的精度损失代价换取较好的收益。一般来说，由浮点到定点的量化公式如式7.2。

$$Q = \frac{R}{S} + Z \tag{7.2}$$

由定点到浮点反量化公式如式7.3。

$$R = (Q - Z) * S \tag{7.3}$$

其中，R表示真实的浮点值，Q表示量化后的定点值，Z表示0浮点值对应的量化定点值，S则为定点量化后可表示的最小刻度，S和Z的求值可使用式7.4和式7.5来实现。

$$S = \frac{R_{\max} - R_{\min}}{Q_{\max} - Q_{\min}} \tag{7.4}$$

$$Z = Q_{\max} - \frac{R_{\max}}{S} \tag{7.5}$$

其中，$R_{\max}$ 表示最大的浮点值，$R_{\min}$ 表示最小的浮点值，$Q_{\max}$ 表示最大的定点值，$Q_{\min}$ 表示最小的定点值。这里的 S 和 Z 均是量化参数，而 Q 和 R 均可由公式进行求值。不管是 Q 还是 R，当它们超出各自可表示的最大范围时均需要进行截断处理。

根据以上公式，研究者也提出了各种的量化方式，通常来说，量化的方式可以分为二值化、线性量化和对数量化。

总体来看，模型量化优势明显，能够减小存储空间，加快推理速度，是一种有效的模型压缩方法。

7.1.4 权值共享

权值共享指从一个局部区域学习获得的信息应用于整个图像。例如用一个卷积核去卷积整幅图像，相当于对图像做一个全图滤波，卷积核在整个图像上是不断重复的，这些重复的单元参数设定相同。比如一个卷积核对应的特征是边缘，用该卷积核作用于整个图像，即将图像各个位置的边缘都提取出来。不同的卷积核用于提取不同的图像特征。

基于这个思想，权值共享技术可以用于压缩和加速神经网络模型。例如，在一个神经网络中，相邻两层以全连接的方式相连，每层有 100 个节点，那么这两层共有 100×100 个权值。对这一百万个权值进行聚类，用每个类的均值代替这一类的权值，这样部分连接将实现权值共享。如果将一万个数聚类为一百个类，把参数从一万降到一百，这样就可以大幅度压缩模型大小。

7.1.5 知识蒸馏

知识蒸馏（Knowledge Distillation）的思想是将预先训练好的教师模型（Teacher Model）中的知识转移到学生模型（Student Model）中去。通过教师模型学习获得的知识指导小模型的训练，从而提升小模型的性能。一般情况下，教师模型的能力更出色，而学生模型结构更紧凑。常见的知识蒸馏框架结构如图7.2所示，知识蒸馏的主要过程是通过损失函数学习教师模型softmax层的输出，将知识从教师模型转移到学生模型。常见的知识蒸馏损失函数如式7.6。

$$L = \mathrm{CE}(y, y') + \alpha \mathrm{CE}(q, y') \tag{7.6}$$

其中，CE 是交叉熵（Cross Entropy），y 是真实标签的 one-hot 编码，q 是教师模型的输出结果，y' 是学生模型的输出结果。

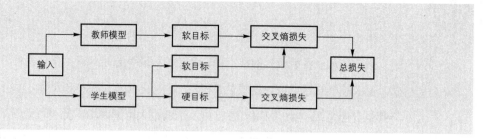

图7.2 知识蒸馏框架

通常情况下，首先要训练好一个教师模型，将教师模型softmax层的输出结果q作为学生模型的学习目标，使学生模型softmax层的输出y'接近q。对一些不易部署的模型，可以将其知识转移到小模型上。比如，在机器翻译中，一般的模型需要有较大的规模才可能获得较好的结果，这时可以利用知识蒸馏压缩出一个规模较小的模型，在不影响模型效果的同时降低成本。总体来说，知识蒸馏是一个简单而有效的模型压缩方法。

7.2 超参数搜索方法

超参数是需要在模型开始学习之前设定好的参数，在深度学习过程中需要对超参数进行优化，使超参数达到最优，以优化模型学习的效果。需要与超参数区别的概念是参数，参数由模型训练得到，比如神经网络的权重等。即参数是模型训练获得的，而超参数是人工配置参数。模型搜索方法是为深度学习寻找较好超参数集的有效策略。

与参数不同，并非所有的超参数都能对模型的学习有正向的影响，因此要在一个多维空间中找到最优超参数并不容易，研究人员都希望可以找到最优的超参数以获得最佳的模型。超参数的搜索过程如下。

（1）将数据集分为训练集、验证集及测试集。

（2）选择模型性能评价指标。

（3）用训练集对模型进行训练。

（4）在验证集上对模型进行超参数搜索，用性能指标评价超参数的好坏。

（5）选出最优超参数。

常见的超参数搜索算法有网格搜索、随机搜索和启发式搜索等。

7.2.1　网格搜索

网格搜索（Grid Search）指通过循环遍历所有候选超参数，选择使模型表现最好的超参数作为最优超参数。其原理是在一定的区间内循环遍历所有的候选超参数，并计算其约束函数和目标函数的值。对满足约束条件的点，逐个比较其目标函数的值，保留使目标函数达到最优解的点，以得到最优超参数。为了评价每次选出的参数的好坏，需要选择评价指标，评价指标可以根据自己的需要选择。下面是网格搜索的工作流程。

（1）在多维上定义一个网格，其中一个映射代表一个超参数。

（2）对于每个维度，定义可能值的范围。

（3）搜索所有可能的配置并等待结果来建立较佳配置。

7.2.2　随机搜索

随机搜索（Random Search）是利用随机数去求函数近似的最优解的方法。原理是在一定的区间内不断随机地产生点，并计算其约束函数和目标函数的值，对满足约束条件的点，逐个比较其目标函数的值，保留使其目标函数达到最优解的点，以得到最优超参数。这种方法是建立在概率论的基础上，所取随机点越多，则得到最优解的概率也越大。随机搜索找到近似最优解的效率高于网格搜索，但随机搜索也存在精度较差的问题。

7.2.3　启发式搜索

启发式搜索（Heuristically Search）又称为有信息搜索（Informed Search），它是利用问题拥有的启发信息来引导搜索，可以通过引导搜索向最优解可能存在的方向前进，以达到减少搜索范围、降低问题复杂度的目的。

遗传算法（Genetic Algorithm）是一种启发式搜索算法。遗传算法是从问题可能潜在的解集的一个种群开始的。初代种群产生之后，按照适者生存和优胜劣汰的原理，逐代演化产生出更优的近似解。这个过程将使后生代种群比前代更加适应环境，末代种群中的最优个体可以成为问题的近似最优解。

此外，启发式搜索还有模拟退火算法（SA）、列表搜索算法（ST）、进化规划（EP）、进化策略（ES）、蚁群算法（ACA）和人工神经网络（ANN）等。

7.3 编程实战

7.3.1 模型量化实验

使用MindSpore中训练后量化的方法进行模型量化实验的步骤如下。

（1）导入本次实验所需的所有依赖库。

```
from mindspore.nn import cell
import numpy as np
import mindspore
import mindspore.nn as nn
from mindspore import Tensor, context, Model, export, load_checkpoint,
load_param_into_net
import mindspore.dataset as ds
import mindspore.dataset.transforms.c_transforms as C
import mindspore.dataset.vision.c_transforms as CV
from mindspore import dtype as mstype
from mindspore.train.callback import ModelCheckpoint
```

（2）配置实验的运行环境。MindSpore中的context类用于配置当前的执行环境，包括执行模式、执行后端等功能切换。

```
# 配置运行环境
context.set_context(mode = context.GRAPH_MODE, device_target = "CPU")
# mode: 程序在GRAPH_MODE(0)或者PYNATIVE_MODE(1)下运行
# device_target: 程序运行的目标设备, 支持 "Ascend", "GPU", "CPU"
```

（3）构建模型。构造一个用于对MNIST数据进行分类的模型，用MindSpore框架实现LeNet网络，将输入大小设置为［1，28，28］，输出类别数为10。

```
class LeNet(nn.Cell):
    def __init__(self):
        super(LeNet, self).__init__()
```

```
            # 定义所需要的运算
            self.conv1 = nn.Conv2d(1, 6, 5, pad_mode='valid')
            self.conv2 = nn.Conv2d(6, 16, 5, pad_mode='valid')
            self.fc1 = nn.Dense(16 * 4 * 4, 120)
            self.fc2 = nn.Dense(120, 84)
            self.fc3 = nn.Dense(84, 10)
            self.sigmoid = nn.Sigmoid()
            self.max_pool2d = nn.MaxPool2d(kernel_size=2, stride=2)
            self.flatten = nn.Flatten()


        def construct(self, x):
            # 使用定义好的运算构建前向网络
            x = self.conv1(x)
            x = self.sigmoid(x)
            x = self.max_pool2d(x)
            x = self.conv2(x)
            x = self.sigmoid(x)
            x = self.max_pool2d(x)
            x = self.flatten(x)
            x = self.fc1(x)
            x = self.sigmoid(x)
            x = self.fc2(x)
            x = self.sigmoid(x)
            x = self.fc3(x)
            return x


# 模型定义
net = LeNet()
```

（4）定义输入数据。选取简单的MNIST数据集，首先下载MNIST数据集并保存在"./datasets/mnist"下。MindSpore提供的mindspore.dataset模块可以用来构建数据集对象，并且分批次地将数据传入训练函数中。同时，在各个数据集类中还内置了数据处理和数据增强算子，可以处理数据的格式，提升数据训练效果。代码如下：

```
# 获取数据集
batch_size = 256
train_path = "./datasets/mnist/train"
train_dataset = ds.MnistDataset(dataset_dir = train_path)


# 数据类型转换
type_cast_op_image = C.TypeCast(mstype.float32)
type_cast_op_label = C.TypeCast(mstype.int32)
HWC2CHW = CV.HWC2CHW( )


# 加载数据集
train_dataset = train_dataset.map(operations=[type_cast_op_image,
    HWC2CHW], input_columns="image")
train_dataset = train_dataset.map(operations=type_cast_op_label, input_
    columns="label")
train_dataset = train_dataset.batch(batch_size = batch_size)
```

（5）定义超参数、损失函数及优化器，执行训练并保存模型。MindSpore提供训练函数接口，不用自己定义训练函数。因为MNIST数据集数据较少，所以只需要执行5个epoch便能得到较高的训练精度。在模型训练的过程中，使用回调机制传入回调函数ModelCheckpoint对象，可以保存模型参数，生成CheckPoint文件，在下次加载模型时，需要先创建相同模型的实例，然后使用load_checkpoint和load_param_into_net方法加载参数。

```
# 定义超参、损失函数及优化器
lr, num_epoch = 0.001, 5
optim = nn.Adam(params=net.trainable_params( ), learning_rate=lr)
loss = nn.SoftmaxCrossEntropyWithLogits(sparse=True, reduction='mean')
```

```
# 输入训练轮次和数据集进行训练
model = Model(net, loss_fn=loss, optimizer=optim, metrics={'acc'})
ckpt_cb = ModelCheckpoint( )   # 保存模型
model.train(epoch=num_epoch, train_dataset=train_dataset, callbacks=ckpt_cb)
```

（6）利用测试数据集进行测试。加载MNIST数据集中的测试数据集，查看模型精度，如图7.3所示。

```
# 验证
test_path = "./datasets/mnist/test"
test_dataset = ds.MnistDataset(dataset_dir = test_path)
test_dataset = test_dataset.map(operations=[type_cast_op_image,
        HWC2CHW], input_columns="image")
test_dataset = test_dataset.map(operations=type_cast_op_label,
    input_columns="label")
test_dataset = test_dataset.batch(batch_size = batch_size)
acc = model.eval(test_dataset)
print(acc)
```

```
(mindspore) C:\Users\admin\Desktop\Quantized_Model>D:/conda/envs/mindspore/python.exe c:/Users/admin/Desktop/Quantized_Model/train.py
[WARNING] ME(3252:19836,MainProcess):2021-09-28-11:07:32.368. [mindspore\train\model.py:441] The CPU cannot support dataset sink mode currently.So the training process will be performed with dataset not sink.
[WARNING] ME(3252:19836,MainProcess):2021-09-28-11:08:03.686.287 [mindspore\train\model.py:779] CPU cannot support dataset sink mode currently.So the evaluating process will be performed with dataset non-sink mode.
{'acc': 0.9479}

(mindspore) C:\Users\admin\Desktop\Quantized_Model>
```

图7.3 测试结果

（7）保存并导出模型。使用之前添加检查点保存下来的模型参数，以便执行推理和再训练使用，并导出生成MINDIR格式模型文件。

```
# 保存模型
export_model = LeNet( )
param_dict = load_checkpoint("CKP-5_235.ckpt")
load_param_into_net(export_model, param_dict)
input_tensor = Tensor(np.ones([256, 1, 28, 28]).astype(np.float32))
export(net, input_tensor, file_name='lenet', file_format='MINDIR')
```

（8）模型量化。对于已经训练好的float32模型，通过训练后量化将其转为int8，不仅能减小模型大小，而且能显著提高推理性能。在MindSpore Lite中，这部分功能集成在模型转换工具converter_lite内，通过增加命令行参数，便能够转换得到量化后模型。在Windows环境下，从MindSpore官网下载转换工具的zip包并解压至本地目录，即可获得converter工具，如图7.4所示。

图7.4 converter工具

执行以下转换命令：

```
call converter\_lite --fmk=MINDIR --modelFile=lenet.mindir --
    outputFile=model
```

转换成功，则显示如下提示，且同时获得model.ms目标文件。

```
CONVERTER RESULT SUCCESS: 0
```

7.3.2　参数搜索实验

传统的方式需要人工调试和配置超参数，比较消耗时间和精力。MindInsight 提供的 mindoptimizer 调参命令可以用于搜索超参数，并基于用户给的调参配置信息，可以自动搜索超参数并且执行模型训练。使用时需要按照 yaml 格式来配置超参数的范围等信息，并且修改训练脚本，即可将待实验的超参数同步到训练脚本里。Mindoptimizer 调参工具为 MindInsight 的子模块，需要先安装 MindInsight 才能使用调参命令。MindInsight 的安装可参考相关文档，注意安装前需要确认硬件平台为 Ascend 或 GPU，可以采用 pip 安装或者源码编译安装两种方式。采用 pip 安装的方式，在终端输入以下命令。

```
pip install https://ms-release.obs.cn-north-4.myhuaweicloud.com/{version}/
Mind Insight/ascend/{system}/mindinsight-{version}-cp37-cp37m-linux_
{arch}.whl--tru sted-host ms-release.obs.cn-north-4.myhuaweicloud.
com -i https://pypi.tuna.tsi nghua.edu.cn/simple


# {version} 表示 MindInsight 版本号，例如下载 1.0.1 版本 MindInsight 时，{version}
    应写为 1.0.1。
# {arch} 表示系统架构，例如使用的 Linux 系统是 x86 架构 64 位时，{arch} 应写
    为 x86_64。如果系统是 ARM 架构 64 位，则写为 aarch64。
# {system} 表示系统版本，例如使用欧拉系统 ARM 架构，{system} 应写为
    euleros_aarch64，目前 Ascend 版本可支持系统 euleros_aarch64/centos_
    aarch64/centos_x86/ubuntu_aarch64/ubuntu_x86; GPU 版本可支持系统
    ubuntu_x86。
```

终端出现如图 7.5 所示界面则表示安装成功。

下面以优化 learning_rate 超参数为例，同时以 Accuracy 作为优化目标进行参数搜索实验。

（1）配置调参配置文件 config.yaml。在 config.yaml 中需要配置运行命令、训练日志根目录、调参方法、优化目标和超参数信息。MindInsight 会通过推荐算法分析配置的超参数和优化目标之间的关系，从而更好地搜索超参数。

```
    Using cached https://pypi.tuna.tsinghua.edu.cn/packages/70/94/784178ca5dd892a98f113cdd923372024dc04b8d40abe77ca76b5fb90ca6/pytz-2021.1-py2.
py3-none-any.whl (510 kB)
Collecting joblib>=0.11
    Using cached https://pypi.tuna.tsinghua.edu.cn/packages/55/85/70c6602b078bd9e6f3da4f467047e906525c355a4dacd4f71b97a35d9897/joblib-1.0.1-py3
-none-any.whl (303 kB)
Collecting threadpoolctl>=2.0.0
    Using cached https://pypi.tuna.tsinghua.edu.cn/packages/c6/e8/c216b9b60cbba4642d3ca1bae7a53daa0c24426f662e0e3ce3dc7f6caeaa/threadpoolctl-2.
2.0-py3-none-any.whl (12 kB)
Collecting future
    Using cached future-0.18.2-py3-none-any.whl
Collecting zipp>=0.5
    Downloading https://pypi.tuna.tsinghua.edu.cn/packages/6c/b3/0f6b1fef97055a75cebbcd5d4719145963f09cf9d62793201a769b1e3aaa/zipp-3.5.1-py3-no
ne-any.whl (5.3 kB)
Collecting typing-extensions>=3.6.4
    Using cached https://pypi.tuna.tsinghua.edu.cn/packages/74/60/18783336cc7fcdd95dae91d73477830aa53f5d3181ae4fe20491d7fc3199/typing_extension
s-3.10.0.2-py3-none-any.whl (26 kB)
Installing collected packages: zipp, typing-extensions, MarkupSafe, importlib-metadata, Werkzeug, Jinja2, itsdangerous, Click, threadpoolctl,
 pytz, python-dateutil, joblib, future, Flask, yapf, treelib, scikit-learn, pyyaml, pandas, marshmallow, gunicorn, grpcio, google-pasta, Flas
k-Cors, mindinsight
Successfully installed Click-8.0.1 Flask-2.0.1 Flask-Cors-3.0.10 Jinja2-3.0.1 MarkupSafe-2.0.1 Werkzeug-2.0.1 future-0.18.2 google-pasta-0.2.
0 grpcio-1.41.0 gunicorn-20.1.0 importlib-metadata-4.8.1 itsdangerous-2.0.1 joblib-1.0.1 marshmallow-3.13.0 mindinsight-1.1.0 pandas-1.3.3 py
thon-dateutil-2.8.2 pytz-2021.1 pyyaml-5.4.1 scikit-learn-1.0 threadpoolctl-2.2.0 treelib-1.6.1 typing-extensions-3.10.0.2 yapf-0.31.0 zipp-3
.5.1
```

图7.5 安装成功

```
command: python train.py

summary_base_dir: /home/lab/mindspore/Quantized_Model

tuner:
    name: gp
target:
    group: metric
    name: Accuracy
    goal: maximize
parameters:
    learning_rate:
        bounds: [0.00001, 0.001]
        type: float
```

（2）修改训练脚本。在训练脚本中实例化HyperConfig对象，并使用HyperConfig实例的参数变量作为训练脚本中对应参数的取值，再使用SummaryCollector来收集训练信息，包括超参数和评估指标值等。在模型量化实验中的模型训练部分修改如下：

```
# 定义超参数、损失函数及优化器
lr, num_epoch = 0.001, 5
optim = nn.Adam(params=net.trainable_params( ), learning_rate=lr)
```

```
loss = nn.SoftmaxCrossEntropyWithLogits(sparse=True, reduction='mean')


# 输入训练轮次和数据集进行训练
model = Model(net, loss_fn=loss, optimizer=optim, metrics={'acc'})
summary_cb = SummaryCollector(config.summary_dir)
model.train(epoch=num_epoch, train_dataset=train_dataset, callbacks=
    summary_cb)
```

最后，运行mindoptimizer程序，在终端输入以下命令即可开始自动调参。

```
mindoptimizer --config ./config.yaml --iter 10
```

小结

本章主要介绍了模型优化的方法。包括模型压缩、超参数搜索方法以及两个与之相关的实验。其中，对于模型压缩做了较详细的介绍，包括剪枝、低秩分解、模型量化、权值共享以及知识蒸馏，对于超参数搜索方法，介绍了网格搜索、随机搜索和启发式搜索。通过具体的编程实战，加强对模型量化和参数搜索的理解。读者可以使用MindSpore对写好的模型进行量化，并调参使模型拥有更好的性能。

习题

1. 思考参数压缩中各算法的优点与缺点。
2. 解释轻量化模型设计与知识蒸馏的区别。
3. 思考知识蒸馏除了压缩模型还有什么用途。
4. 解释网格搜索与随机搜索的区别。
5. 思考参数搜索中针对分类任务应该使用什么评价指标作为优化目标。

6. 了解模拟退火算法。

7. 利用MindSpore实现一个图片分类应用，并对learning_rate以Accuracy为目标进行参数搜索。

8. 利用MindSpore实现一个图片分类应用，并对batch_size以recall为目标进行参数搜索。

9. 利用PaddlePaddle通过剪枝实现参数压缩。

10. 利用MindSpore将实战中的ResNet50进行参数量化。

11. 利用知识蒸馏将实战中的ResNet50模型压缩到LSTM结构的模型中。

第8章 强化学习实战

8.1 概述

人类学习非常重要的方法之一是在实践中学习。常言道实践出真知，如果知识仅仅停留在纸面上，那仅仅只是纸上的文字，不能运用知识到环境中，而获得的反馈以此修正抑或是证实知识，也不能为未来的学习提供基础和经验。

实践其实是一种互动的方式，学习者根据得到的反馈从而修正自身的策略。强化学习的核心思想与其十分相似。强化学习的主要思想是学习怎么做可以将环境对应到行动，以最大化地获得奖励。智能体没有被指定需要做哪种行动，所以能得到最大奖励的行动是通过尝试得出的。但是在许多情景中，一个行动不仅会影响到即时奖励，也会同时影响到下一个情景。强化学习不仅仅只关注一个点上的奖励，更多的时候它关注的结果是通过一系列的动作最后达到的最大的奖励。

强化学习的经典模型如图8.1所示。

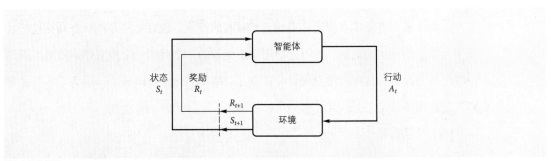

状态 S_t　奖励 R_t　R_{t+1}　S_{t+1}　环境　行动 A_t　智能体

图8.1 强化学习

8.2 基础知识

强化学习虽然是机器学习中的一个领域，但是它和监督学习与无监督学习是有显著区别的。监督学习通过学习训练集中带有标签的数据，力图预测出那些没有在训练集中的数据属于哪个标签或类别。无监督学习的目的是发现数据背后的结构，数据隐含的规律。强化学习是通过所在的环境、尝试的行动、获得的奖励或惩罚得到一系列行动以达到最多的奖励。例如：当输入数据是扑克牌时，有监督学习可以预测扑克牌的花色、点数（标签）；无监督学习可能会根据花色、点数进行分类；而强化学习则会在某种扑克牌游戏中尝试得出最佳得分的出牌策略。

强化学习的难点是如何平衡探索和使用已经得到的经验。因为从上文可以得出，强化学习的一大特点就是会有一系列的行动，而不是仅仅关注一点。当智能体决定下一个行动的时候，它会有两种选择，一种是在它的经验中选择一种行动，一种是尝试新的行动，而尝试新的行动有可能获得更多的奖励，但是也有可能适得其反。这个问题，到现在为止还没有被解决。

在强化学习中有几个重要的组件，它们是智能体（Agent）、环境（Environment）、策略（Policy）、奖励信号（Reward Signal）、价值函数（Value Function）和环境模型（Model of Environment）。

（1）智能体

智能体是通过与环境的交互来学习以达成回报最大化或实现特定目标的载体，类似于游戏中的玩家。

（2）环境

环境指的是智能体被置于的外部环境，智能体的行动会影响到外部环境，外部环境也会对智能体做出反应。

（3）策略

策略规定了智能体在特定环境状态和时间的行为，也就是从环境状态到在这些状态下要采取的行动的映射。它符合心理学中所谓的一套刺激—反应规则。策略可以是一个简单的函数，也可能涉及大量的计算。策略是强化学习的核心，因为它本身就足以决定行为。

（4）奖励信号

奖励信号定义了强化学习的目标。在一定的时间间隔，环境向智能体发送一个数字，称为奖励。智能体的唯一目标是在一段时间内获得的总奖励最大。奖励信号的含义表示了智能体对环境的行动是好的还是不好的。所以，奖励信号是修改策略的主要依据，也就是说，如果当前策略所选择的行动得到的奖励较低，那么未来策略可能会改变。一般来说，奖励信号可以是环境和行动的随机函数。

（5）价值函数

奖励信号表明的是即时意义上的好，而价值函数表明的是长期意义上的好。一种状态的价值是智能体期望从该状态开始在未来积累的奖励总额。奖励与价值函数的区别是，奖励决定了环境状态的直接可取性，价值表明了状态的长期可取性，有些情况下放弃眼前的奖励可以在未来获得更多的利益，在做策略或评估策略时，最关心的是价值，行动选择也是基于价值判断做出的。决定价值要比决定奖励困难得多，因为奖励基本上是由环境直接给予的，但价值必须根据智能体在其整个生命周期中所进行的一系列观察进行评估和再评估。事实上，几乎所有强化学习算法中最重要的部分是寻找、实现一种有效且高效的评估价值的方法。

（6）环境模型

环境模型用于模拟环境可能产生的反应，比如，给出一个当前状态和行动，环境模型可以预测出下一个状态和下一个奖励。环境模型被用于预测可能发生的状况和制定计划。强化学习的方法可以分为基于模型的方法和不用模型的方法两种。

8.3　经典模型

强化学习中经典的模型包括Q-learning、Deep Q Network、Policy Gradient和Actor-Critic等。

8.3.1　Q-learning

Q-learning是基于价值的离线算法，其中Q代表Q(s，a)，是在某一个状态s(state)下采取一种行动a(action)能够获得收益的期望。环境也会根据智能体的行动反馈相应的奖励，这个奖励也会影响Q(s，a)的取值。这个方法采用Q-table表格来存储Q值，如图8.2所示这个表格也是选取动作的根据，智能体会选取值较大的行动值施加在环境中。

Q-table

	action 1	action 2	...	action N
state 1	2.7	3.4	...	−1.3
state 2	6.7	−0.5	...	0.0
...	...	...	...	...
state N	−1.1	2.4	...	5.9

图8.2 Q表

简单来说，Q-learning的流程是，初始化Q-table—选择一个行动—跳转到下一个状态—获得奖励—更新Q（s，a）值。Q-table会通过迭代使用贝尔曼方程更新Q（s，a）从而给出越来越好的近似值。Q-learning的更新方程如式8.1所示。

$$\text{New } Q(s,\ a)=Q(s,\ a)+\alpha[R(s,\ a)+\gamma\max Q'(s',\ a')-Q(s,\ a)] \qquad (8.1)$$

此方程中的s和s'的关系是，s状态下用了action a从而跳转到了s'。NewQ（s，a）是更新后的Q（s，a），Q（s，a）是原来的Q值，R（s，a）是s到s'状态得到的奖励，maxQ'（s'，a'）在s'状态下的最大的Q值，注意，此时还没有在s'状态下选择行动。γ是个衰减值，所以可以将R（s，a）+maxQ'（s'，a'）视为Q（s，a）的真实值，减去是Q（s，a）的估计值。

8.3.2　Deep Q Network

Deep Q Network（DQN）是Q-learning和神经网络的结合，如图8.3所示。传统的Q-learning使用Q-table存储所有的Q值，在较为简单的场景下，使用Q-table是可行的，但是如果将Q-table应用在复杂场景中，有非常多的状态，如果全部使用表格来存储，会占用非常大的空间，而且在其中搜索所需要状态的Q值和迭代更新非常耗时。所以，DQN使用神经网络来估计每个状态的Q值，从而近似估计出最优的Q函数。DQN的损失函数如式8.2所示。

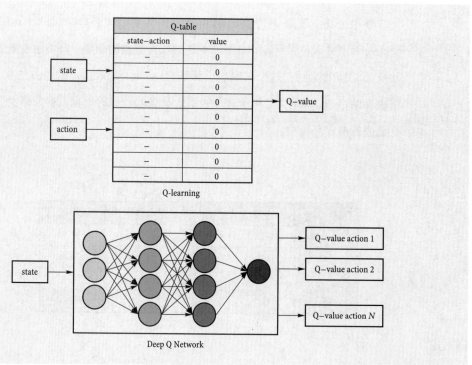

图8.3　Q-learning与DQN

$$L(w) = \mathrm{E}\left[(r + \gamma \max Q(s', \ a', \ w) - Q(s, \ a, \ w))^2\right] \tag{8.2}$$

DQN有两大优点，这两大优点就是Experience replay和Fixed Q-targets。Experience replay可以随机抽取之前的经历进行学习，这打乱了经历之间的相关性，也使得神经网络更新更有效率。Fixed Q-targets也是一种打乱相关性的机理，如果采取Fixed Q-targets，就会在DQN中使用到两个结构相同但参数不同的神经网络，预测Q估计的神经网络具备最新的参数。

8.3.3 Policy Gradient

Policy Gradient相较于DQN和Q-learning来说，是一种更加直接的方法，因为它直接输出每种动作的概率并进行选择。Policy Gradient没有误差，不通过误差进行反向传播，而是通过观测信息选出一个行为直接进行反向传播。Policy Gradient选择行动的过程是输入当前状态，输出行动的概率分布，然后选择概率最大的一个行动。Policy Gradient会通过奖励直接增强或者减弱行动的可能性，好的行为会被增加下次选中的概率，不好的行为会被降低被选中的概率。Policy Gradient算法的核心思想：根据当前状态，直接计算出下一个动作或下一个动作的概率分布。即它的输入是当前状态s，而输出是具体的某一个动作或动作的概率分布。可以得出在参数θ下策略τ的概率如式8.3所示。其中$p(a_t|s_t, \ \theta)$部分是智能体能控制的，公式其余部分来源于环境。得到概率后，可以用采样的奖励值计算出数学期望。期望及其梯度如式8.4与式8.5所示。

$$P_\theta(\tau)$$
$$= p(s_1)p_\theta(a_1|s_1)p(s_2|s_1, \ a_1)p_\theta(a_2|s_2)p(s_3|s_2, \ a_2)\cdots$$
$$= p(s_1)\prod_{t=1}^{T}p_\theta(a_t|s_t)p(s_{t+1}|s_t, \ a_t) \tag{8.3}$$

$$\overline{R}_\theta = \sum_\tau R(\tau)p_\theta(\tau) = E_{\tau\sim p\theta(\tau)}\left[R(\tau)\right] \tag{8.4}$$

$$\nabla\overline{R}_\theta = \frac{1}{N}\sum_{n=1}^{N}\sum_{t=1}^{T_n}R(\tau^n)\nabla\log p_\theta(a_t^n|s_t^n) \tag{8.5}$$

可以理解为加入在某个状态下采取的行动得到的奖励是正的，那就增加最后一项的概率，反之如果奖励是负的，则减少这一项的概率。但是，在实际情况下，只能采样到部分的行动，所以如果采样到的奖励较小，而没有采样到奖励比较大的行动，那么没有采样到的行动概率就下降了。为了解决这个问题，在期望上减去一个baseline，对应梯度如式8.6所示。

$$\nabla \overline{R}_\theta \approx \frac{1}{N} \sum_{n=1}^{N} \sum_{t=1}^{T_n} (R(\tau^n) - b) \nabla \log p_\theta(a_t^n | s_t^n) \tag{8.6}$$

8.3.4 Actor-Critic

基本的 Actor-Critic 算法由 Actor 和 Critic 两部分组成，Actor 是策略梯度，Critic 是值函数，其中在 A2C 中 Action 就是 Policy Gradient 算法，Critic 是 Q-learning。所以，A2C Actor-Critic 算法是 Q-learning 算法和 Policy Gradient 算法的结合。Actor-Critic 的优点有以下几个。

（1）Actor-Critic 算法能在有限维的输入和有限维的输出中起到比较好的效果。

（2）Actor 起到的作用是在当前状态下决定哪一个动作被执行会达到最好的效果，而 Critic 则是对某一个状态下采取的某个动作做出评价，这个评价会影响 Actor 今后的选择。

（3）Actor-Critic 算法所需要的训练时间要比 Policy Gradient 算法短。

为什么需要在 Policy Gradient 中引入 Q-learning？因为在采样的过程中没有办法得到很多的奖励值，会造成不稳定，所以需要引入 Q-learning。将两者结合，用 Q-learning 中的 V 和 Q 替换 Policy Gradient 公式累积奖励和基线，对应梯度如式 8.7 所示。

$$\nabla \overline{R}_\theta \approx \frac{1}{N} \sum_{n=1}^{N} \sum_{t=1}^{T_n} (Q(s_t^n, a_t^n) - V(s_t^n)) \nabla \log p_\theta(a_t^n | s_t^n) \tag{8.7}$$

从 Q 值的定义（式 8.8）可以看出，Actor-Critic 实际上需要估计两个网络：$Q(s_t^n, a_t^n)$ 和 $V(s_t^n)$。若去掉期望，即 $Q(s_t^n, a_t^n) = r_t^n + V s_{t+1}^n$，对应梯度值如式 8.9 所示。这样只需要一个网络就可以估算出 V 值了，并且只用估算一次，估算 V 值的网络已在 Q-learning 中完成，所以把这个网络叫做 Critic。这样，在 Policy Gradient 算法的基础上引进了 Q-learning 算法。实验证明丢掉期望可以得到最好的结果。

$$Q(s_t^n, a_t^n) = E[r_t^n + V(s_{t+1}^n)] \tag{8.8}$$

$$\nabla \overline{R}_\theta \approx \frac{1}{N} \sum_{n=1}^{N} \sum_{t=1}^{T_n} (r_t^n + V(s_{t+1}^n) - V(s_t^n)) \nabla \log p_\theta(a_t^n | s_t^n) \tag{8.9}$$

8.4 MindSpore实战

MindSpore Reinforcement 是一个开源的强化学习框架，支持使用强化学习算法对Agent进行分布式训练。MindSpore Reinforcement为编写强化学习算法提供了干净整洁的API抽象，它将算法与部署和执行注意事项解耦，MindSpore Reinforcement将强化学习算法转换为一系列编译后的计算图，然后由MindSpore框架在CPU、GPU或Ascend AI处理器上高效运行。

8.4.1　环境配置

MindSpore Reinforcement依赖MindSpore训练推理框架，安装完MindSpore，再安装MindSpore Reinforcement。可以采用pip安装。openAI gym工具箱则提供了一系列物理仿真环境、游戏和机器人仿真。可以基于gym提供的环境来设计强化学习的Agent。开始实验前安装所依赖的库。

```
pip install https://ms-release.obs.cn-north-4.myhuaweicloud.com/1.5.0/
   Reinforcement/any/mindspore_rl-{version}-py3-none-any.whl --
   trusted-host ms-release.obs.cn-north-4.myhuaweicloud.com -i https://
   pypi.tuna.tsinghua.edu.cn/simple
pip install gym
```

本实验选用openAI gym中的传统增强学习任务之一CartPole作为训练任务以实现DQN强化学习算法，该任务的基本要求就是控制cart移动，使连接在上面的杆保持垂直不倒，如图8.4所示。这个任务简化到只有两个离散动作，要么向左用力，要么向右用力。而state状态就是这个杆的位置和速度。每次杆保持直立的步骤，都会获得1个奖励。当杆距垂直度超过15°，或者推车从中心移动超过2.4个单位时，游戏结束。

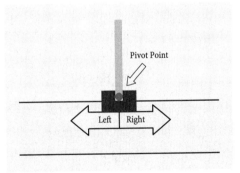

图8.4 CartPole 任务

DQN使用单个网络选择动作和计算目标Q值。经典的Nature DQN使用了两个网络，当前主网络用来选择动作，更新模型参数，称为策略网络policy_network，另一个目标网络用于计算目标Q值，称为target_network。两个网络的结构是一模一样的。其中目标网络的网络参数不需要迭代更新，而是每隔一段时间从当前主网络复制过来，即延时更新，这样可以减少目标Q值和当前的Q值相关性。Nature DQN和

DQN相比，除了用一个新的相同结构的目标网络来计算目标Q值以外，其余部分基本是完全相同的。

8.4.2 算法流程

首先构建神经网络：一个主网络和一个目标网络。它们的输入都为当前的观察值（observation），输出为不同动作（action）对应的Q值。

在一个训练周期（episode）结束时，将环境（env）重置，即观察值恢复到了初始状态，通过贪婪选择法选择动作。根据选择的动作，获取到新的观察值（next_observation）、奖励（reward）和游戏状态。之后将该次动作放入到经验池。经验池有一定的容量，将删除旧的数据。

从经验池中随机选取指定批次的数据，计算出观察值的Q值作为目标Q值（Q_target）。对于done标志为否的数据，使用奖励和新观察值计算折损奖励（discount_reward）。然后将折损奖励更新到目标Q值中。

每一个动作进行一次梯度下降更新。更新网络参数时，同步更新贪婪选择法 ε。每隔固定的步数，从主网络中复制参数到目标网络。

1. 代码结构

本节实验主要包括一个src文件夹、train文件以及eval文件。其中src文件夹共包括配置文件config、策略文件dqn以及智能体文件dqn_trainer三个文件。具体如下所示。

```
--src
    --dqn.py
    --config.py
    dqn_trainer.py
--train.py
--eval.py
```

2. 配置文件

文件中关于网络层数、神经元个数以及学习率相关的参数在此就不再赘述，主要向读者解释强化学习相关的参数。Policy_params是策略网络的相关参数，其中的epsi_high与epsi_low代表贪婪选择法的两个边界，而Policy通常用于智能体决策下一步需要执行的行为。MindSpore将智能体的功能拆分为Actor（行为类）和Learner

（学习类）。前者负责与外部环境交互，通常需要基于Policy与Env交互；后者负责基于历史经验对网络权重进行更新。学习类中有Policy定义的损失网络loss_q_net，用于损失函数计算和网络参数更新。

配置文件代码如下所示。

```
"""
DQN config.
"""

import mindspore as ms
from mindspore_rl.environment import GymEnvironment
from mindspore_rl.core.replay_buffer import ReplayBuffer
from .dqn import DQNActor, DQNLearner, DQNPolicy


learner_params = {'gamma': 0.99}
trainer_params = {
    'evaluation_interval': 10,
    'num_evaluation_episode': 10,
    'keep_checkpoint_max': 5,
    'metrics': False,
}


env_params = {'name': 'CartPole-v0'}
eval_env_params = {'name': 'CartPole-v0'}

policy_params = {
    'epsi_high': 0.1,
    'epsi_low': 0.1,
    'decay': 200,
    'lr': 0.001,
    'state_space_dim': 0,
```

```
        'action_space_dim': 0,
        'hidden_size': 100,
}


algorithm_config = {
    'actor': {
        'number': 1,
        'type': DQNActor,
        'params': None,
        'policies': ['init_policy', 'collect_policy', 'evaluate_policy'],
        'networks': ['policy_network', 'target_network'],
        'environment': True,
        'eval_environment': True,
    },
    'learner': {
        'number': 1,
        'type': DQNLearner,
        'params': learner_params,
        'networks': ['target_network', 'policy_network_train']
    },
    'policy_and_network': {
        'type': DQNPolicy,
        'params': policy_params
    },
    'collect_environment': {
        'type': GymEnvironment,
        'params': env_params
    },
    'eval_environment': {
        'type': GymEnvironment,
        'params': eval_env_params
```

```
    },
    'replay_buffer': {'type': ReplayBuffer,
                      'capacity': 100000,
                      'data_shape': [(4,), (1,), (1,), (4,)],
                      'data_type': [ms.float32, ms.int32, ms.float32, ms.float32
                          ],
                      'sample_size': 64},
}
```

3. 策略类 Policy

DQNPolicy类用于实现神经网络并定义策略。构造函数将先前定义的Python字典类型的超参数policy_parameters作为输入。本实验选用FullyConnectedNetwork类来实现策略网络和目标网络。其中的PolicyNetWithLossCell是一个用于计算损失函数的神经网络，被指定为DQNPolicy的嵌套类。

DQN算法是一种使用贪婪策略学习的off-policy算法。它使用不同的行为策略来对环境采取行动和收集数据。在本示例中，使用随机策略（RandomPolicy）初始化网络参数，并用贪婪选择法（EpsilonGreedyPolicy）收集训练期间的经验。

DQN算法代码如下所示。

```
"""DQN"""


import mindspore as ms
import mindspore.nn as nn
from mindspore import Tensor
from mindspore.ops import composite as C
from mindspore.ops import operations as P
from mindspore.common.parameter import Parameter, ParameterTuple
from mindspore_rl.agent.actor import Actor
from mindspore_rl.agent.learner import Learner
from mindspore_rl.network import FullyConnectedNet
from mindspore_rl.policy import EpsilonGreedyPolicy
```

```python
from mindspore_rl.policy import GreedyPolicy
from mindspore_rl.policy import RandomPolicy


_update_opt = C.MultitypeFuncGraph("update_opt")


#更新目标网络参数
@_update_opt.register("Tensor", "Tensor")
def _parameter_update(policy_param, target_param):
    assign = P.Assign()
    new_param = (1 - 0.05) * target_param + 0.05 * policy_param
    output = assign(target_param, new_param)
    return output


class DQNPolicy():
    """DQN Policy"""
    #计算损失
    class PolicyNetWithLossCell(nn.Cell):
        """DQN policy network with loss cell"""
        def __init__(self, backbone, loss_fn):
            super(DQNPolicy.PolicyNetWithLossCell, self).__init__(auto_
                prefix=False)
            self._backbone = backbone
            self._loss_fn = loss_fn
            self.gather = P.GatherD()

        def construct(self, x, a0, label):
            """constructor for Loss Cell"""
            out = self._backbone(x)
            out = self.gather(out, 1, a0)
            loss = self._loss_fn(out, label)
            return loss
```

```
def __init__(self, params):
    # 初始化策略网络、目标网络、优化器等
    self.policy_network = FullyConnectedNet(
        params['state_space_dim'],
        params['hidden_size'],
        params['action_space_dim'])
    self.target_network = FullyConnectedNet(
        params['state_space_dim'],
        params['hidden_size'],
        params['action_space_dim'])


    optimizer = nn.Adam(
        self.policy_network.trainable_params(),
        learning_rate=params['lr'])
    loss_fn = nn.MSELoss()
    loss_q_net = self.PolicyNetWithLossCell(self.policy_network, loss_fn)
    self.policy_network_train = nn.TrainOneStepCell(loss_q_net, optimizer)
    self.policy_network_train.set_train(mode=True)


    self.init_policy = RandomPolicy(params['action_space_dim'])
    self.collect_policy = EpsilonGreedyPolicy(self.policy_network, (1, 1),
        params['epsi_high'], params['epsi_low'], params['decay'],
        params['action_space_dim'])
    self.evaluate_policy = GreedyPolicy(self.policy_network)
    # 用于评估策略网络
```

4. Actor 类

DQNActor类继承了MindSpore Reinforcement提供的Actor类，并重载trainer使用的方法act_init、act与evaluate。这3种方法使用不同的策略作用于指定的环境，这些策略将状态映射到操作。这些方法将张量类型的值作为输入，并从环境返回轨迹。Actor使用Environment类中定义的step（action）方法与环境交互。此方法会返回三元组，三元组包括应用上一个操作后的新状态、作为浮点类型获得的奖励以及用于终止 episode 和重置环境的布尔标志。

　　DQNActor 类的构造函数定义了环境、回放缓冲区、策略和网络。回放缓冲区类 ReplayBuffer 定义了一个 insert 方法，DQNActor 对象调用该方法将经验数据存储在回放缓冲区中。环境类 Environment 和回放缓冲区类 ReplayBuffer 由 MindSpore 强化学习库接口提供。

　　DQNActor 代码如下所示。

```python
class DQNActor(Actor):
    """DQN Actor"""

    def __init__(self, params):
        super(DQNActor, self).__init__()
        self.policy_network = params['policy_network']
        self.target_network = params['target_network']
        self.init_policy = params['init_policy']
        self.collect_policy = params['collect_policy']
        self.evaluate_policy = params['evaluate_policy']
        self._environment = params['collect_environment']
        self._eval_env = params['eval_environment']
        self.replay_buffer = params['replay_buffer']

        self.id = 0
        self.step = Parameter(Tensor(0, ms.int32), name="step", requires_
                grad=False)
        self.expand_dims = P.ExpandDims()
        self.reshape = P.Reshape()
        self.ones = P.Ones()
        self.abs = P.Abs()
        self.assign = P.Assign()
        self.hyper_map = C.HyperMap()
        self.select = P.Select()
```

```
            self.policy_param = ParameterTuple(
                self.policy_network.get_parameters( ))
            self.target_param = ParameterTuple(
                self.target_network.get_parameters( ))
            self.reward = Tensor([1, ], ms.float32)
            self.penalty = Tensor([−1, ], ms.float32)


    def act_init(self, state):
        """Fill the replay buffer"""
        action = self.init_policy( )
        new_state, reward, done = self._environment.step(action)
        action = self.reshape(action, (1,))
        my_reward = self.select(done, self.penalty, self.reward)
        return done, reward, new_state, action, my_reward


    def act(self, state):
        """Experience collection"""
        self.step += 1

        ts0 = self.expand_dims(state, 0)
        step_tensor = self.ones((1, 1), ms.float32) * self.step

        action = self.collect_policy(ts0, step_tensor)
        new_state, reward, done = self._environment.step(action)
        action = self.reshape(action, (1,))
        my_reward = self.select(done, self.penalty, self.reward)
        return done, reward, new_state, action, my_reward


    def evaluate(self, state):
        """Evaluate the trained policy"""
        ts0 = self.expand_dims(state, 0)
```

```
        action = self.evaluate_policy(ts0)

        new_state, reward, done = self._eval_env.step(action)

        return done, reward, new_state


    def update(self):
        """Update the network parameters"""
        assign_result = self.hyper_map(
            _update_opt,
            self.policy_param,
            self.target_param)
        return assign_result
```

5. Learner 类

DQNLearner类继承了MindSpore Reinforcement API中的Learner类，并重载learn方法。Learn方法将轨迹（从回放缓冲区采样）作为输入来训练策略网络。而构造函数通过读取配置文件（DQN config）获得字典类型的配置，将网络、策略和学习率分配给DQNLearner。

DQNLearner代码如下所示。

```
class DQNLearner(Learner):
    """DQN Learner"""


    def __init__(self, params=None):
        super(DQNLearner, self).__init__()
        self.target_network = params['target_network']
        self.policy_network_train = params['policy_network_train']


        self.gamma = Tensor(params['gamma'], ms.float32)
        self.expand_dims = P.ExpandDims()
        self.reshape = P.Reshape()
```

```
        self.ones_like = P.OnesLike( )

        self.select = P.Select( )


    def learn(self, samples):
        """Model update"""
        s0, a0, r1, s1 = samples
        next_state_values = self.target_network(s1)
        next_state_values = next_state_values.max(axis=1)
        r1 = self.reshape(r1, (-1,))


        y_true = r1 + self.gamma * next_state_values


        # Modify last step reward
        one = self.ones_like(r1)
        y_true = self.select(r1 == -one, one, y_true)
        y_true = self.expand_dims(y_true, 1)


        success = self.policy_network_train(s0, a0, y_true)
        return success
```

6. Trainer 类

DQNTrainer类定义了训练函数train，该函数循环迭代地从回放缓冲区收集经验并训练目标模型。需要注意的是，它必须继承自MindSpore Reinforcement API的Trainer类。Trainer基类包含MSRL（MindSpore Reinforcement Learning）对象，MSRL对象提供了函数处理程序，这些处理程序会透明地绑定到用户定义的Actor、Learner或回放缓冲区对象，使用户能够专注于算法逻辑本身。DQNTrainer类必须重载训练函数train。train函数在调用初始化函数init_training后，会循环调用用户定义的train_one_episode函数进行训练。最后，train函数会调用评估函数evaluation进行评估从而获得奖励值。

所有标量值都必须定义为张量类型。每次训练开始时，函数train_one_episode都会调用MindSpore Reinforcement API提供的msrl.agent_reset_collect函数来重置环境。然后，它使用msrl.agent_act函数从环境中收集经验，并使用msrl.Agent_learn函数进行学习。其中，msrl.agent_learn函数的输入是缓冲区ReplayBuffer所返回的采样结果。缓冲区ReplayBuffer定义了insert函数和sample函数，分别用于对经验数据进行存储和采样。此外，@ms_function注解将指定函数编译为MindSpore计算图从而实现加速。

```python
"""DQN Trainer"""
import matplotlib.pyplot as plt

import mindspore as ms
import mindspore.nn as nn
import mindspore.numpy as msnp
from mindspore.train.serialization import load_checkpoint, load_param_into_net
from mindspore.common.api import ms_function
from mindspore import Tensor
from mindspore.ops import operations as P
from mindspore_rl.agent.trainer import Trainer


class DQNTrainer(Trainer):
    """DQN Trainer"""
    def __init__(self, msrl, params):
        nn.Cell.__init__(self, auto_prefix=False)
        self.zero = Tensor(0, ms.float32)
        self.assign = P.Assign()
        self.squeeze = P.Squeeze()
        self.less = P.Less()
        self.zero_value = Tensor(0, ms.float32)
        self.fill_value = Tensor(1000, ms.float32)
        self.mod = P.Mod()
        self.all_ep_r = []
        self.all_steps = []
        self.evaluation_interval = params['evaluation_interval']
```

```python
        self.num_evaluation_episode = params['num_evaluation_episode']
        self.is_save_ckpt = params['save_ckpt']
        if self.is_save_ckpt:
            self.save_ckpt_path = params['ckpt_path']
        self.keep_checkpoint_max = params['keep_checkpoint_max']
        self.metrics = params['metrics']
        self.update_period = Tensor(5, ms.float32)
        super(DQNTrainer, self).__init__(msrl)


    def train(self, episode):
        """Train DQN"""
        self.init_training()
        steps = 0
        for i in range(episode):
            if i % self.evaluation_interval == 0:
                reward = self.evaluation()
                reward = reward.asnumpy()
                # save ckpt file
                if self.is_save_ckpt:
                    self.save_ckpt(self.save_ckpt_path, self.msrl.actors.
                        policy_network, i, self.keep_checkpoint_max)
                print("----------------------------------")
                print(f"Evaluation result in episode {i} is {reward:.3f}")
                print("----------------------------------")
                if self.metrics:
                    self.all_steps.append(steps)
                    self.all_ep_r.append(reward)

            reward, episode_steps = self.train_one_episode(self.update_period)
            steps += episode_steps.asnumpy()
            print(f"Episode {i}, steps: {steps}, reward: {reward.asnumpy():.3f}"
```

218

```python
                        )
            reward = self.evaluation()
            reward = reward.asnumpy()
            print("------------------------------------------")
            print(f"Evaluation result in episode {i} is {reward:.3f}")
            print("------------------------------------------")
            if self.metrics:
                self.all_ep_r.append(reward)
                self.all_steps.append(steps)
                self.plot()


    def plot(self):
        plt.plot(self.all_steps, self.all_ep_r)
        plt.xlabel('step')
        plt.ylabel('reward')
        plt.savefig('dqn_rewards.png')


    def eval(self):
        params_dict = load_checkpoint(self.save_ckpt_path)
        not_load = load_param_into_net(self.msrl.actors.policy_network,
            params_dict)
        if not_load:
            raise ValueError("Load params into net failed!")
        reward = self.evaluation()
        reward = reward.asnumpy()
        print("------------------------------------------")
        if self.is_save_ckpt:
            print(f"Evaluation result is {reward:.3f}, checkpoint file is {self.
                save_ckpt_path}")
        else:
            print(f"Evaluation result is {reward:.3f}")
```

```python
        print("--------------------------------------------")


    @ms_function
    def init_training(self):
        """Initialize training"""
        state, done = self.msrl.agent_reset_collect()
        i = self.zero_value
        while self.less(i, self.fill_value):
            done, _, new_state, action, my_reward = self.msrl.agent_act_init(
                state)
            self.msrl.replay_buffer_insert([state, action, my_reward, new_state
                ])
            state = new_state
            if done:
                state, done = self.msrl.agent_reset_collect()
            i += 1
        return done


    @ms_function
    def train_one_episode(self, update_period=5):
        """Train one episode"""
        state, done = self.msrl.agent_reset_collect()
        total_reward = self.zero
        steps = self.zero
        while not done:
            done, r, new_state, action, my_reward = self.msrl.agent_act(state)
            self.msrl.replay_buffer_insert([state, action, my_reward, new_state
                ])
            state = new_state
            r = self.squeeze(r)
            self.msrl.agent_learn(self.msrl.replay_buffer_sample())
```

```
                    total_reward += r
                    steps += 1
                    if not self.mod(steps, update_period):
                        self.msrl.agent_update( )
                    return total_reward, steps


        @ms_function
        def evaluation(self):
            """Policy evaluation"""
            total_reward = self.zero_value
            for _ in msnp.arange(self.num_evaluation_episode):
                episode_reward = self.zero_value
                state, done = self.msrl.agent_reset_eval( )
                while not done:
                    done, r, state = self.msrl.agent_evaluate(state)
                    r = self.squeeze(r)
                    episode_reward += r
                total_reward += episode_reward
            avg_reward = total_reward / self.num_evaluation_episode
            return avg_reward
```

7. 训练和测试

执行脚本 train 与 eval 即可启动 DQN 模型训练与测试，训练及验证代码如下所示。

```
"""
DQN training example.
"""


#pylint: disable=C0413
import os
import argparse
```

```
from src import config
from src.dqn_trainer import DQNTrainer
from mindspore import context
from mindspore_rl.core import Session


parser = argparse.ArgumentParser(description='MindSpore Reinforcement
    DQN')
parser.add_argument('--episode', type=int, default=650, help='total episode
    numbers.')
parser.add_argument('--device_target', type=str, default='Auto', choices=['
    Ascend', 'CPU', 'GPU', 'Auto'],
            help='Choose a device to run the dqn example(Default: Auto).'
                )
parser.add_argument('--save_ckpt', type=int, default=0, choices=[0, 1], help='
    Whether to save the checkpoint file.')
parser.add_argument('--ckpt_path', type=str, default='./ckpt', help='Path to
    save ckpt file in train.\default:./ckpt')
options, _ = parser.parse_known_args()


def train(episode=options.episode):
    if options.device_target != 'Auto':
        context.set_context(device_target=options.device_target)
    context.set_context(mode=context.GRAPH_MODE)
    config.trainer_params.update({'save_ckpt': options.save_ckpt})
    config.trainer_params.update({'ckpt_path': os.path.realpath(options.
        ckpt_path)})
    dqn_session = Session(config.algorithm_config)
    dqn_session.run(class_type=DQNTrainer, episode=episode, params=
        config.trainer_params)


if __name__ == "__main__":
```

```
train( )
"""
DQN eval example.
"""
import os
import argparse
from src.dqn_trainer import DQNTrainer
from src import config
from mindspore_rl.core import Session
from mindspore import context


parser = argparse.ArgumentParser(description='MindSpore Reinforcement DQN')
parser.add_argument('--device_target', type=str, default='Auto', choices=['
    Ascend', 'CPU', 'GPU', 'Auto'],
                    help='Choose a device to run the dqn example(Default:.Auto).'
                        )
parser.add_argument('--ckpt_path', type=str, default=None, help='The ckpt file
    in eval.')
args = parser.parse_args( )


def dqn_eval( ):
    if args.device_target != 'Auto':
        context.set_context(device_target=args.device_target)
    context.set_context(mode=context.GRAPH_MODE)
    config.trainer_params.update({'ckpt_path': os.path.realpath(args.ckpt_path)
        })
    dqn_session = Session(config.algorithm_config)
    dqn_session.run(class_type=DQNTrainer, is_train=False, params=config.
        trainer_params)

if __name__ == "__main__":
```

```
    dqn_eval( )


————————————————————————————————

Evaluation result in episode 0 is 95.300

————————————————————————————————

Episode 0, steps: 33.0, reward: 33.000

Episode 1, steps: 45.0, reward: 12.000

Episode 2, steps: 54.0, reward: 9.000

Episode 3, steps: 64.0, reward: 10.000

Episode 4, steps: 73.0, reward: 9.000

Episode 5, steps: 82.0, reward: 9.000

Episode 6, steps: 91.0, reward: 9.000

Episode 7, steps: 100.0, reward: 9.000

Episode 8, steps: 109.0, reward: 9.000

Episode 9, steps: 118.0, reward: 9.000


Episode 200, steps: 25540.0, reward: 200.000

Episode 201, steps: 25740.0, reward: 200.000

Episode 202, steps: 25940.0, reward: 200.000

Episode 203, steps: 26140.0, reward: 200.000

Episode 204, steps: 26340.0, reward: 200.000

Episode 205, steps: 26518.0, reward: 178.000

Episode 206, steps: 26718.0, reward: 200.000

Episode 207, steps: 26890.0, reward: 172.000

Episode 208, steps: 27090.0, reward: 200.000

Episode 209, steps: 27290.0, reward: 200.000

————————————————————————————————

Evaluation result in episode 210 is 200.000

————————————————————————————————
```

小结

本章主要从概念、基本组件、基本概念方面简单介绍了强化学习，并以 MindSpore 为框架，搭配 openAI gym 工具包与 Ascend 处理器实现了 DQN 网络的构建与训练。

习题

1. 什么是强化学习？

2. 强化学习和监督学习的区别是什么？

3. 强化学习和无监督学习的区别是什么？

4. 强化学习的基本组件有哪几个？它们的作用与意义是什么？

5. 强化学习适合解决什么类型的问题？

6. 强化学习的损失函数是什么？与深度学习的损失函数有何关系？

7. 简述 Q-Learning，写出其 Q(s, a) 更新公式。

8. DQN 的两个优点分别是什么？

9. 描述随机策略和确定性策略的特点？

10. 根据给出的 AC 策略类、AC 行为类与 AC 学习类，代码如下，试完整地实现 AC 算法。

```python
"""AC Trainer"""
import matplotlib.pyplot as plt

from mindspore_rl.agent.trainer import Trainer
import mindspore
import mindspore.nn as nn
import mindspore.numpy as msnp
from mindspore.train.serialization import load_checkpoint,
    load_param_into_net
from mindspore.common.api import ms_function
from mindspore import Tensor
from mindspore.ops import operations as P
from mindspore.common.parameter import Parameter

class ACTrainer(Trainer):
    '''ACTrainer'''
    def __init__(self, msrl, params):
        pass

    def train(self, episode):
        '''Train AC'''
        pass
```

```
    def eval(self):
        pass

    @ms_function
    def train_one_episode(self):
        '''Train one episode'''
        pass

    @ms_function
    def evaluation(self):
        pass
```

```
"""
AC config.
"""

from mindspore_rl.environment import GymEnvironment
from.ac import ACPolicyAndNetwork, ACLearner, ACActor

env_params = {'name': 'CartPole-v0'}
policy_params = {
    'alr': 0.001,
    'clr': 0.01,
    'state_space_dim': 4,
    'action_space_dim': 2,
    'hidden_size': 20,
    'gamma': 0.9,
}
trainer_params = {
    'evaluation_interval': 10,
    'num_evaluation_episode': 10,
    'keep_checkpoint_max': 5,
    'metrics': False,
}
learner_params = {
    'gamma': 0.9,
    'state_space_dim': 4,
    'action_space_dim': 2,
}
algorithm_config = {
    'actor': {
        'number': 1,
        'type': ACActor,
```

```
                'params': None,
                'policies': [],
                'networks': ['actor_net'],
                'environment': True,
                'eval_environment': True,
            },
        'learner': {
            'number': 1,
            'type': ACLearner,
            'params': learner_params,
            'networks': ['actor_net_train', 'actor_net', 'critic_
                    net_train', 'critic_net']
        },
        'policy_and_network': {
            'type': ACPolicyAndNetwork,
            'params': policy_params
        },
        'collect_environment': {
            'type': GymEnvironment,
            'params': env_params
        },
        'eval_environment': {
            'type': GymEnvironment,
            'params': env_params
        },
}
```

```
'''Actor-Critic'''

from mindspore_rl.agent.learner import Learner
from mindspore_rl.agent.actor import Actor
import mindspore
import mindspore.nn as nn
from mindspore import Tensor
import mindspore.ops as ops
import mindspore.nn.probability.distribution as msd
from mindspore.ops import operations as P


class ACPolicyAndNetwork():
    '''ACPolicyAndNetwork'''
    class ActorNet(nn.Cell):
        '''ActorNet'''
        def __init__(self, input_size, hidden_size, output_size):
```

```
            super( )._ _init_ _( )
            self.common = nn.Dense(input_size, hidden_
                size, bias_init=0.1)
            self.actor = nn.Dense(hidden_size, output_
                size, bias_init=0.1)
            self.relu = nn.LeakyReLU( )
            self.softmax = P.softmax( )

        def construct(self, x):
            x = self.common(x)
            x = self.relu(x)
            x = self.actor(x)
            return self.softmax(x)

    class CriticNet(nn.Cell):
        '''CriticNet'''
        def _ _init_ _(self, input_size, hidden_size, output_size=1):
            super( )._ _init_ _( )
            self.common = nn.Dense(input_size, hidden_
                size, bias_init=0.1)
            self.critic = nn.Dense(hidden_size, output_
                size, bias_init=0.1)
            self.relu = nn.LeakyReLU( )

        def construct(self, x):
            x = self.common(x)
            x = self.relu(x)
            return self.critic(x)

    class ActorNNLoss(nn.Cell):
        '''Actor loss'''
        def _ _init_ _(self, actor_net):
            super( )._ _init_ _(auto_prefix=False)
            self.actor_net = actor_net
            self.reduce_mean = ops.ReduceMean( )
            self.log = ops.Log( )
            self.neg = ops.Neg( )
            self.softmax = ops.softmax( )
            self.expand_dims = ops.ExpandDims( )
            self.cast = ops.Cast( )

        def construct(self, state, td_error, a):
            action_probs_t = self.actor_net(self.expand_
                dims(state, 0))
```

```
            a_prob = action_probs_t[0][self.cast(a,
                mindspore.int32)]
            action_log_probs = self.log(a_prob)
            actor_loss = self.neg(self.reduce_mean(action_
                log_probs*td_error))
            return actor_loss


class CriticNNLoss(nn.Cell):
    '''Critic loss'''
    def __init__(self, critic_net, gamma):
        super().__init__(auto_prefix=False)
        self._critic_net = critic_net
        self.square = ops.Square()
        self.gamma = gamma
        self.squeeze = ops.Squeeze()
        self.mul = ops.Mul()
        self.add = ops.Add()
        self.sub = ops.Sub()
        self.expand_dims = ops.ExpandDims()


    def construct(self, state, r, v_):
        v = self._critic_net(self.expand_dims(state, 0))
        v = self.squeeze(v)
        v_ = self.squeeze(v_)
        td_error = self.sub(self.add(r, self.mul(self.
            gamma, v_)), v)
        critic_loss = self.square(td_error)
        return critic_loss


def __init__(self, params):
    self.actor_net = self.ActorNet(params['state_
        space_dim'], params['hidden_size'],
        params['action_space_dim'])
    self.critic_net = self.CriticNet(params['state_
        space_dim'], params['hidden_size'])
    optimizer_a = nn.Adam(self.actor_net.trainable_
            params(), learning_rate=params['alr'])
    optimizer_c = nn.Adam(self.critic_net.trainable_
            params(), learning_rate=params['clr'])
    actor_loss_net = self.ActorNNLoss(self.actor_net)
    self.actor_net_train = nn.TrainOneStepCell(actor_
        loss_net, optimizer_a)
    self.actor_net_train.set_train(mode=True)
    critic_loss_net = self.CriticNNLoss(self.critic_net,
```

```
            gamma=params['gamma'])
        self.critic_net_train = nn.TrainOneStepCell(critic_
            loss_net, optimizer_c)
        self.critic_net_train.set_train(mode=True)
```

```
class ACActor(Actor):
'''AC Actor'''
def __init__(self, params=None):
    super(ACActor, self).__init__()
    self._params_config = params
    self._environment = params['collect_environment']
    self._eval_env = params['eval_environment']
    self.actor_net = params['actor_net']
    self.c_dist = msd.Categorical(dtype=mindspore.float32)
    self.expand_dims = P.ExpandDims()
    self.reshape = P.Reshape()
    self.cast = P.Cast()
    self.argmax = P.Argmax(output_type=mindspore.int32)

def act(self, state):
    '''Sample action to act in env'''
    ts0 = self.expand_dims(state, 0)
    action_probs_t = self.actor_net(ts0)
    action = self.reshape(self.c_dist.sample((1,), probs=
        action_probs_t), (1,))
    new_state, reward, done = self._environment.step(self.
        cast(action, mindspore.int32))
    return done, reward, new_state, action

def evaluate(self, state):
    """Evaluate the trained policy"""
    ts0 = self.expand_dims(state, 0)
    action_probs_t = self.actor_net(ts0)
    action = self.reshape(self.argmax(action_probs_t), (1,))
    new_state, reward, done = self._eval_env.step(self.
        cast(action, mindspore.int32))
    return done, reward, new_state
```

```
class ACLearner(Learner):
'''AC Learner'''
def __init__(self, params):
    super(ACLearner, self).__init__()
```

```
        self._params_config = params
        self.gamma = Tensor(self._params_config['gamma'],
            mindspore.float32)
        self._actor_net_train = params['actor_net_train']
        self._critic_net_train = params['critic_net_train']
        self._actor_net = params['actor_net']
        self._critic_net = params['critic_net']
        self.sub = ops.Sub( )
        self.mul = ops.Mul( )
        self.add = ops.Add( )
        self.reshape = ops.Reshape( )
        self.expand_dims = ops.ExpandDims( )
        self.squeeze = P.Squeeze( )

    def learn(self, samples):
        '''Calculate the td_error'''
        state = samples[0]
        r = samples[1]
        state_ = samples[2]
        a = samples[3]
        v_ = self._critic_net(self.expand_dims(state_, 0))
        v = self._critic_net(self.expand_dims(state, 0))
        v_ = self.squeeze(v_)
        v = self.squeeze(v)
        td_error = self.sub(self.add(r, self.mul(self.gamma, v_)), v)
        critic_loss = self._critic_net_train(state, r, v_)
        actor_loss = self._actor_net_train(state, td_error, a)
        return actor_loss + critic_loss
```

参考文献

[1] DECHTER R. Learning while searching in constraint−satisfaction−problems[C/OL]//KEHLER T. Proceedings of the 5th National Conference on Artificial Intelligence. Philadelphia, PA, USA, August 11−15, 1986. Volume 1: Science. Morgan Kaufmann, 1986: 178−185.

[2] HINTON G E, OSINDEROS, TEH YW. A fast learning algorithm for deep belief nets[J]. Neural computation, 2006, 18(7): 1527−1554.

[3] POOLE D, MACKWORTH A K, GOEBEL R. Computational intelligence−a logical approach[M]. [S.l.]: Oxford University Press, 1998.

[4] RUSSELL S J, NORVIG P. Artificial intelligence−A modern approach, third international edition[M/OL]. Pearson Education, 2010.

[5] MITCHELL T M. Mcgraw−hill series in computer science: Machine learning, international edition[M/OL]. McGraw−Hill, 1997.

[6] TURING A M. Computing machinery and intelligence[M]//BODEN M A. Oxford readings in philosophy: The Philosophy of Artificial Intelligence. [S.l.]: Oxford University Press, 1990: 40−66.

[7] MOHRI M, ROSTAMIZADEH A, TALWALKAR A. Adaptive computation and machine learning: Foundations of machine learning[M/OL]. MIT Press, 2012.

[8] HINTON G E, SEJNOWSKI T J, POGGIO T A, et al. Unsupervised learning: foundations of neural computation[M]. [S.l.]: MIT press, 1999.

[9] HEBB D O. The organization of behavior: a neuropsychological theory[M]. [S.l.]: J. Wiley; Chapman & Hall, 1949.

[10] ROSENBLATT F. The perceptron: a probabilistic model for information storage and organization in the brain[J]. Psychological review, 1958, 65(6): 386.

[11] ROSENBLATT F. Two theorems of statistical separability in the perceptron [C]//Proceedings of Symposium In Mechanization of Thought Processes. National Physical Laboratory, Nov. H. M. Stationery Office: [s.n.], 1958: 421−456.

[12] WIDROW B, HOFF M E. Adaptive switching circuits[R]. [S.l.]: Stanford Univ

Ca Stanford Electronics Labs, 1960.

[13] WINSTON P H. Learning structural descriptions from examples[J]. 1970.

[14] MICHALSKI R S. A variable-valued logic system as applied to picture description and recognition[M]//[S.l.:s.n.], 1972.

[15] MICHALSKI R S. Discovering classification rules using variable-valued logic system vl1[J]. 1973.

[16] MICHALSKI R S. Aqval/1-computer implementation of a variable-valued logic system vl1 and examples of its application to pattern recognition[J]. 1973.

[17] MICHALSKI R S. Variable-valued logic: System vl1[J]. 1974.

[18] HUNT E B. Concept learning: An information processing problem.[J]. 1962.

[19] HUNT E B, MARIN J, STONE P J. Experiments in induction.[J]. 1966.

[20] NILSON N. R69-31 a formal deductive problem-solving system[J]. IEEE Transactions on Computers, 1969, 100(10): 963-964.

[21] QUINLAN J R. Induction of decision trees[J]. Machine learning, 1986, 1(1): 81-106.

[22] BRIEMAN L, FRIEDMAN J H, OLSHEN R A, et al. Classification and regression trees. wadsworth[J]. Inc. Monterey, California, USA, 1984.

[23] QUINLAN J R. C4.5: Programs for machine learning morgan kaufmann publishers[J]. San Francisco, USA, 1993.

[24] CORTES C, VAPNIK V. Support-vector networks[J]. Machine learning, 1995, 20(3): 273-297.

[25] FREUND Y, SCHAPIRE R E. A decision-theoretic generalization of on-line learning and an application to boosting[J]. Journal of computer and system sciences, 1997, 55(1): 119-139.

[26] HO T K. Random decision forests[C]//Proceedings of 3rd international conference on document analysis and recognition: volume 1. [S.l.]: IEEE, 1995: 278-282.

[27] BREIMAN L. Random forests[J]. Machine learning, 2001, 45(1): 5-32.

[28] RECHENBERG I. Evolutionsstrategie: Optimierung technischer systeme nach prinzipien der biologischen evolution. dr.-ing[D]. [S.l.]: Thesis, Technical University of Berlin, Department of Process Engineering, 1971.

[29] HOLLAND J H. Genetic algorithms and the optimal allocation of trials[J].

SIAM Journal on Computing, 1973, 2(2): 88-105.

［30］ HOLLAND J H. Erratum: genetic algorithms and the optimal allocation of trials[J]. SIAM Journal on Computing, 1974, 3(4): 326-326.

［31］ KOZA J R, KOZA J R. Genetic programming: on the programming of computers by means of natural selection: volume 1[M]. [S.l.]: MIT press, 1992.

［32］ MCCILLOCH W, PITTS W. A logical calculus of the ideas immanent in nervous activity[J]. Billetin of Mathematical Biophysics, 1943, 1: 115-133.1.

［33］ MINSKY M, PAPERT S A. Perceptrons: An introduction to computational geometry[M]. [S.l.]: MIT Press, Cambridge MA, USA, 1969.

［34］ LINNAINMAA S. The representation of the cumulative rounding error of an algorithm as a taylor expansion of the local rounding errors[J]. Master's Thesis (in Finnish), Univ. Helsinki, 1970: 6-7.

［35］ WERBOS P. Beyond regression: " new tools for prediction and analysis in the behavioral sciences[J]. Ph. D. dissertation, Harvard University, 1974.

［36］ WERBOS P J. Applications of advances in nonlinear sensitivity analysis[M]// System modeling and optimization. [S.l.]: Springer, 1982: 762-770.

［37］ RUMELHART D E, HINTONGE,WILLIAMS R J. Learning internal representations by error propagation[R]. [S.l.]: California Univ San Diego La Jolla Inst for Cognitive Science, 1985.

［38］ RUNNELHART D, HINTON G, WILLIAMS R. Parallel distributed processing: Exploration in the microstructures of cognition[M]. [S.l.]: MIT Press, Cambridge, 1985.

［39］ ROBERT H N, et al. Theory of the backpropagation neural network[J]. Proc. 1989 IEEE IJCNN, 1989, 1: 593-605.

［40］ HECHT-NIELSEN R. Applications of counterpropagation networks[J]. Neural networks, 1988, 1(2): 131-139.

［41］ LECUN Y, BOSER B E, DENKER J S, et al. Handwritten digit recognition with a back-propagation network[C]//Advances in neural information processing systems. [S.l.: s.n.], 1990: 396-404.

［42］ HOCHREITER S. Untersuchungen zu dynamischen neuronalen netzen[J]. Diploma, Technische Universität München, 1991, 91(1).

［43］ HOCHREITER S, BENGIO Y, FRASCONI P, et al. Gradient flow in recurrent nets: the difficulty of learning long-term dependencies[M]. [S.l.]: A field guide to dynamical recurrent neural networks. IEEE Press, 2001.

［44］ HOCHREITER S, SCHMIDHUBER J. Long short-term memory[J]. Neural Computation, 1997, 9(8): 1735–1780.

［45］ HINTON G E, SALAKHUTDINOV R R. Reducing the dimensionality of data with neural networks[J]. science, 2006, 313(5786): 504–507.

［46］ BENGIO Y, LAMBLIN P, POPOVICI D, et al. Greedy layer-wise training of deep networks[C]//Advances in neural information processing systems. [S.l.: s.n.], 2007: 153–160.

［47］ RANZATO M, POULTNEY C, CHOPRA S, et al. Efficient learning of sparse representations with an energy-based model[C]//Advances in neural information processing systems. [S.l.: s.n.], 2007: 1137–1144.

［48］ KRIZHEVSKY A, SUTSKEVER I, HINTON G E. Imagenet classification with deep convolutional neural networks[C]//Advances in neural information processing systems. [S.l.: s.n.], 2012: 1097–1105.

［49］ TAIGMAN Y, YANG M, RANZATO M, et al. Deepface: Closing the gap to human-level performance in face verification[C]//Proceedings of the IEEE conference on computer vision and pattern recognition. [S.l.: s.n.], 2014: 1701–1708.

［50］ LECUN Y, BENGIO Y, HINTON G. Deep learning[J]. nature, 2015, 521(7553): 436–444.

［51］ NAIR V, HINTON G E. Rectified linear units improve restricted boltzmann machines[C]//ICML. [S.l.: s.n.], 2010.

［52］ IOFFE S, SZEGEDY C. Batch normalization: Accelerating deep network training by reducing internal covariate shift[J]. arXiv preprint arXiv:1502.03167, 2015.

［53］ HE K, ZHANG X, REN S, et al. Deep residual learning for image recognition [C]//Proceedings of the IEEE conference on computer vision and pattern recognition. [S.l.: s.n.], 2016: 770–778.

［54］ SILVER D, HUANG A, MADDISON C J, et al. Mastering the game of go with deep neural networks and tree search[J]. nature, 2016, 529(7587): 484–489.

［55］ HASSABIS D, SILVER D. Alphago zero: Learning from scratch[J]. Google

DeepMind blog, 2017.

[56] WANG M, DENG W. Deep face recognition: A survey[J/OL]. arXiv Preprint arXiv:1804.06655, 2018. http://arxiv.org/abs/1804.06655.

[57] Lecun Y, Bottou L, Bengio Y, et al. Gradient−based learning applied to document recognition[J/OL]. Proceedings of the IEEE, 1998, 86(11): 2278−2324. DOI: 10.1109/5.726791.

[58] SZEGEDY C, LIU W, JIA Y, et al. Going deeper with convolutions[C/OL]//2015 IEEE Conference on Computer Vision and Pattern Recognition (CVPR). Los Alamitos, CA, USA: IEEE Computer Society, 2015: 1−9.

[59] HE K, ZHANG X, REN S, et al. Deep residual learning for image recognition[C/OL]//2016 IEEE Conference on Computer Vision and Pattern Recognition (CVPR). Los Alamitos, CA, USA: IEEE Computer Society, 2016: 770−778.

[60] TASKIRAN M, KAHRAMAN N, ERDEM C E. Face recognition: Past, present and future (a review)[J]. Digital Signal Processing, 2020, 106: 102809.

[61] TAIGMAN Y, YANG M, RANZATO M, et al. Deepface: Closing the gap to human−level performance in face verification[C]//IEEE Conference on Computer Vision & Pattern Recognition. 2014，1701−1708.

[62] LIU Y, LI H, WANG X. Rethinking feature discrimination and polymerization for large−scale recognition[J]. 2017.

[63] KUMAR A, UPADHYAY N, GHOSAL P, et al. Csnet: A new deepnet framework for ischemic stroke lesion segmentation[J]. Computer Methods and Programs in Biomedicine, 2020, 193: 105524.

[64] SHRIVASTAVA N, BHARTI J. Breast tumor detection and classification based on density[J/OL]. Multimedia Tools and Applications, 2020: 26467−26487.

[65] JENSEN T R, SCHMAINDA K M. Computer−aided detection of brain tumor invasion using multiparametric mri[J]. Journal of Magnetic Resonance Imaging Jmri, 2010, 30(3): 481−489.

[66] MARTINS J, CARDOSO J S, SOARES F. Offline computer−aided diagnosis for glaucoma detection using fundus images targeted at mobile devices[J/OL]. Computer Methods and Programs in Biomedicine, 2020, 192: 105341.

[67] LONG J, SHELHAMER E, DARRELL T. Fully convolutional networks for

semantic segmentation[J]. IEEE Transactions on Pattern Analysis and Machine Intelligence, 2015, 39(4): 640–651.

[68] Badrinarayanan V, Kendall A, Cipolla R. Segnet: A deep convolutional encoder–decoder architecture for image segmentation[J]. IEEE Transactions on Pattern Analysis and Machine Intelligence, 2017, 39(12): 2481–2495.

[69] RONNEBERGER O, FISCHER P, BROX T. U–net: Convolutional networks for biomedical image segmentation[C]//International Conference on Medical Image Computing and Computer–Assisted Intervention. Springer ,Cham ,2015: 234–241.

[70] LIANGCHIEH C, PAPANDREOU G, KOKKINOS I, et al. Semantic image segmentation with deep convolutional nets and fully connected crfs[J]. Computer science, 2014: 357–361.

[71] GATYS L A, ECKER A S, BETHGE M. A neural algorithm of artistic style[J/OL]. Journal of Vision, 2015. DOI: 10.1167/16.12.326.

[72] ALEXANDER M, MICHAEL T, CHRISTOPHER O. Inceptionism: Going deeper into neural networks[EB/OL]. 2015.

[73] MOISEENKOY A. Prisma[EB/OL]. 2015. https://zh.wikipedia.org/wiki/Prisma.

[74] "vincent," a deep learning demonstration from cambridge consultants, builds on human input to create completed 'works of art' [EB/OL]. 2015.

[75] SALIAN I. Stroke of genius: Gaugan turns doodles into stunning, photorealistic landscapes[EB/OL]. 2019.

[76] Facebook's ai can caption photos for the blind on its own[EB/OL]. 2015.

[77] Sinha A, Choi C, Ramani K. Deephand: Robust hand pose estimation by completing a matrix imputed with deep features[C/OL]//2016 IEEE Conference on Computer Vision and Pattern Recognition (CVPR). Las Vegas, NV, USA: IEEE, 2016: 4150–4158. DOI: 10.1109/CVPR.2016.450.

[78] ZHANG R, ISOLA P, EFROS A A. Colorful image colorization[C]//European Conference on Computer Vision. Springer, Cham, 2016: 649–666.

[79] GüçLüTüRK Y, Güçlü U, VAN LIER R, et al. Convolutional sketch inversion[C/OL]//Computer Vision–ECCV 2016 Workshops (ECCV): volume 9913. Las Vegas, NV, USA: Springer, Cham, 2016: 810–824.

［80］ CHO K, VAN MERRIENBOER B, GULCEHRE C, et al. Learning phrase representations using rnn encoderdecoder for statistical machine translation[J]. Computer science, 2014.

［81］ VASWANI A, SHAZEER N, PARMAR N, et al. Attention is all you need[C]// NIPS'17: Proceedings of the 31st International Conference on Neural Information Processing Systems. Red Hook, NY, USA: Curran Associates Inc., 2017: 6000–6010.

［82］ DEVLIN J, CHANG M W, LEE K, et al. Bert: Pre-training of deep bidirectional transformers for language understanding[J]. arXiv Preprint arXiv: 1810.04805, 2019.

［83］ RADFORD A, NARASIMHAN K, SALIMANS T, et al. Improving language understanding by generative pre-training[Z]. [S.l.: s.n.], 2018.

［84］ RADFORD A, WU J, CHILD R, et al. Language models are unsupervised multitask learners[J]. OpenAI blog, 2019, 1(8): 9.

［85］ BROWN T, MANN B, RYDER N, et al. Language models are few-shot learners[J]. Advances is neural information processing systems, 2020, 33: 1877–1901.

［86］ DHINGRA B, LIU H, YANG Z, et al. Gated-attention readers for text comprehension[C]// Association for Computational Linguistics(ACL), Vancouver, Canada, 2017.

［87］ WANG S, JIANG J. Machine comprehension using match-lstm and answer pointer[J]. arXiv preprint arXiv: 1608.07905, 2016.

［88］ SEO M, KEMBHAVI A, FARHADI A, et al. Bidirectional attention flow for machine comprehension[C]//5th International Conference on Learning Representations, Palaisdes Congrès Neptune, Toulon, France, 2017.

［89］ KUMAR BG V, CARNEIRO G, REID I. Learning local image descriptors with deep siamese and triplet convolutional networks by minimising global loss functions[C]//Proceedings of the IEEE Conference on Computer Vision and Pattern Recognition (CVPR). Las Vegas, NV, USA: IEEE, 2016: 5385–5394.

［90］ YU A W, DOHAN D, LUONG M T, et al. Qanet: Combining local convolution with global self-attention for reading comprehension[J]. arXiv preprint arXiv: 1804.09541, 2018.

［91］ KIM Y. Convolutional neural networks for sentence classification[C] // Conference on Empirical Methods in Natural Language Processing, Doha, Qatar, Association for Computational Linguistics, 2014.

［92］ LIU P, QIU X, HUANG X. Recurrent neural network for text classification with multi-task learning[J]. arXiv preprint arXiv: 1605.05101, 2016.

［93］ LAI S, XU L, LIU K, et al. Recurrent convolutional neural networks for text classification[C]//Twenty-ninth AAAI conference on artificial intelligence, AAAI Press, 2015.

［94］ MIKOLOV T, CHEN K, CORRADO G, et al. Efficient estimation of word representations in vector space[J]. arXiv preprint arXiv: 1301.3781, 2013.

［95］ WESTON J, CHOPRA S, BORDES A. Memory networks[J]. Arxiv preprint, arXiv: 1410. 3916, 2015.

［96］ PADMANABHAN J, JOHNSON PREMKUMAR M J. Machine learning in automatic speech recognition: A survey[J]. IETE Technical Review, 2015, 32(4): 240-251.

［97］ DAHL G E, YU D, DENG L, et al. Context-dependent pre-trained deep neural networks for large-vocabulary speech recognition[J]. IEEE Transactions on audio, speech, and language processing, 2011, 20(1): 30-42.

［98］ WAIBEL A, HANAZAWA T, HINTON G, et al. Phoneme recognition using time-delay neural networks[J]. IEEE transactions on acoustics, speech, and signal processing, 1989, 37(3): 328-339.

［99］ Sainath T N, Vinyals O, Senior A, et al. Convolutional, long short-term memory, fully connected deep neural networks[C]//2015 IEEE International Conference on Acoustics, Speech and Signal Processing (ICASSP). [S.l.: s.n.], 2015: 4580-4584.

［100］ GOODFELLOW I J, POUGET-ABADIE J, MIRZA M, et al. Generative adversarial nets[J]. Advances in neural information processing systems, 2014, 27.

［101］ ARJOVSKY M, CHINTALA S, BOTTOU L. Wasserstein generative adversarial networks[C]//International conference on machine learning. PMLR, 2017, 214-223.

［102］ PASCUAL S, BONAFONTE A, SERRA J. SEGAN: Speech enhancement generative adversarial network[C]//Conference of the International Speech Communication Association, Stockholm, Sweden, 2017.

[103] YE S, HU X, XU X. Tdcgan: Temporal dilated convolutional generative adversarial network for end−to−end speech enhancement[J].arXiv preprint arXiv: 2008. 07787, 2020.

[104] GOOGLE. Nsynth super[EB/OL].

[105] OPEN AI. Musenet[EB/OL].

[106] Aiva Technologies SARL. AIVA[EB/OL].

[107] SHEPHERD G M. Introduction to synaptic circuits[J]. The synaptic organization of the brain, 1990: 3−31.

[108] ELSKEN T, METZEN J H, HUTTER F. Neural architecture search: A survey[J/ OL]. Journal of Machine Learning Research, 2019, 20(55): 1−21.

[109] CALISTO M B, LAI−YUEN S K. Adaen−net: An ensemble of adaptive 2d− 3d fully convolutional networks for medical image segmentation[J]. Neural Networks, 2020.

[110] CHEN Y, YANG T, ZHANG X, et al. Detnas: Backbone search for object detection[C]//Advances in Neural Information Processing Systems. [S.l.: s.n.], 2019: 6642−6652.

[111] CHEN Z, HUANG Y, YU H, et al. Towards part−aware monocular 3d human pose estimation: An architecture search approach[C]//[S.l.: s.n.], 2020.

[112] Fan Y, Tian F, Xia Y, et al. Searching better architectures for neural machine translation[J]. IEEE/ACM Transactions on Audio, Speech, and Language Processing, 2020, 28: 1574−1585.

[113] JIANG Y, HU C, XIAO T, et al. Improved differentiable architecture search for language modeling and named entity recognition[C/OL]//Proceedings of the 2019 Conference on Empirical Methods in Natural Language Processing and the 9th International Joint Conference on Natural Language Processing (EMNLP−IJCNLP). Hong Kong, China: Association for Computational Linguistics, 2019: 3585−3590.

[114] KOU X, LUO B, HU H, et al. Nase: Learning knowledge graph embedding for link prediction via neural architecture search[C]//[S.l.: s.n.], 2020.

[115] MOT, YU Y, SALAMEH M, et al. Neural architecture search for keyword

spotting[J]. INTERSPEECH, 2020.

[116] CHEN Y C, HSU J Y, LEE C K, et al. Darts−asr: Differentiable architecture search for multilingual speech recognition and adaptation[C]//[S.l.: s.n.], 2020.

[117] ABADI M, BARHAM P, CHEN J, et al. Tensorflow: A system for large−scale machine learning[J/OL]. CoRR, 2016, abs/1605.08695.

[118] PASZKE A, GROSS S, MASSA F, et al. Pytorch: An imperative style, high−performance deep learning library[J/OL]. CoRR, 2019, abs/1912.01703.

[119] ROSENBLATT F. Principles of neurodynamics. perceptrons and the theory of brain mechanisms[R]. [S.l.]: Cornell Aeronautical Lab Inc Buffalo NY, 1961.

[120] RUMELHART D E, HINTON G E, WILLIAMS R J. Learning representations by back−propagating errors[J]. nature, 1986, 323(6088): 533−536.

[121] WAIBEL A, HANAZAWA T, HINTON G, et al. Phoneme recognition using time−delay neural networks[J]. IEEE transactions on acoustics, speech, and signal processing, 1989, 37(3): 328−339.

[122] ZHANGW, et al. Shift−invariant pattern recognition neural network and its optical architecture[C]//Proceedings of annual conference of the Japan Society of Applied Physics. [S.l.: s.n.], 1988.

[123] LECUN Y, BOSER B, DENKER J S, et al. Backpropagation applied to handwritten zip code recognition[J]. Neural computation, 1989, 1(4): 541−551.

[124] AIHARA K, TAKABE T, TOYODA M. Chaotic neural networks[J]. Physics letters A, 1990, 144(6−7): 333−340.

[125] SPECHT D F, et al. A general regression neural network[J]. IEEE transactions on neural networks, 1991, 2(6): 568−576.

[126] LECUN Y, BOTTOU L, BENGIO Y, et al. Gradient−based learning applied to document recognition[J]. Proceedings of the IEEE, 1998, 86(11): 2278−2324.

[127] SIMONYAN K, ZISSERMAN A. Very deep convolutional networks for large−scale image recognition[J]. arXiv preprint arXiv:1409.1556, 2014.

[128] SZEGEDY C, LIU W, JIA Y, et al. Going deeper with convolutions[C]// Proceedings of the IEEE conference on computer vision and pattern recognition. [S.l.: s.n.], 2015: 1−9.

[129] SZEGEDY C, VANHOUCKE V, IOFFE S, et al. Rethinking the inception architecture for computer vision[C]//Proceedings of the IEEE conference on

computer vision and pattern recognition. [S.l.: s.n.], 2016: 2818−2826.

[130] SZEGEDY C, IOFFE S, VANHOUCKE V, et al. Inception−v4, inception−resnet and the impact of residual connections on learning[C]//Thirty−first AAAI conference on artificial intelligence. [S.l.: s.n.], 2017.

[131] HOWARD A G, ZHU M, CHEN B, et al. Mobilenets: Efficient convolutional neural networks for mobile vision applications[J]. arXiv preprint arXiv: 1704.04861, 2017.

[132] SANDLER M, HOWARD A, ZHU M, et al. Mobilenetv2: Inverted residuals and linear bottlenecks[C]//Proceedings of the IEEE conference on computer vision and pattern recognition. [S.l.: s.n.], 2018: 4510−4520.

[133] HOWARD A, SANDLER M, CHU G, et al. Searching for mobilenetv3[C]// Proceedings of the IEEE/CVF International Conference on Computer Vision. [S.l.: s.n.], 2019: 1314−1324.

[134] ZHANG X, ZHOU X, LIN M, et al. Shufflenet: An extremely efficient convolutional neural network for mobile devices[C]//Proceedings of the IEEE conference on computer vision and pattern recognition. [S.l.: s.n.], 2018: 6848−6856.

[135] MA N, ZHANG X, ZHENG H T, et al. Shufflenet v2: Practical guidelines for efficient cnn architecture design[C]//Proceedings of the European conference on computer vision (ECCV). [S.l.: s.n.], 2018: 116−131.

[136] HAN K, WANG Y, TIAN Q, et al. Ghostnet: More features from cheap operations[C]//Proceedings of the IEEE/CVF Conference on Computer Vision and Pattern Recognition. [S.l.: s.n.], 2020: 1580−1589.

新一代人工智能系列教材

　　"新一代人工智能系列教材"包含人工智能基础理论、算法模型、技术系统、硬件芯片和伦理安全以及"智能+"学科交叉等方面内容以及实践系列教材，在线开放共享课程，各具优势、衔接前沿、涵盖完整、交叉融合，由来自浙江大学、北京大学、清华大学、上海交通大学、复旦大学、西安交通大学、天津大学、哈尔滨工业大学、同济大学、西安电子科技大学、暨南大学、四川大学、北京理工大学、南京理工大学、华为、微软、百度等高校和企业的老师参与编写。

教材名	作者	作者单位
人工智能导论：模型与算法	吴飞	浙江大学
可视化导论	陈为、张嵩、鲁爱东、赵烨	浙江大学、密西西比州立大学、北卡罗来纳大学夏洛特分校、肯特州立大学
智能产品设计	孙凌云	浙江大学
自然语言处理	刘挺、秦兵、赵军、黄萱菁、车万翔	哈尔滨工业大学、中科院大学、复旦大学
模式识别	周杰、郭振华、张林	清华大学、同济大学
人脸图像合成与识别	高新波、王楠楠	西安电子科技大学
自主智能运动系统	薛建儒	西安交通大学
机器感知	黄铁军	北京大学
人工智能芯片与系统	王则可、李玺、李英明	浙江大学
物联网安全	徐文渊、黄晓宇、周歆妍	浙江大学、宁波大学
神经认知学	唐华锦、潘纲	浙江大学
人工智能伦理导论	古天龙	暨南大学
人工智能伦理与安全	秦湛、潘恩荣、任奎	浙江大学
金融智能理论与实践	郑小林	浙江大学
媒体计算	韩亚洪、李泽超	天津大学、南京理工大学
人工智能逻辑	廖备水、刘奋荣	浙江大学、清华大学
生物信息智能分析与处理	沈红斌	上海交通大学
数字生态：人工智能与区块链	吴超	浙江大学
人工智能与数字经济	王延峰	上海交通大学
人工智能内生安全	姜育刚	复旦大学
数据科学前沿技术导论	高云君、陈璐、苗晓晔、张天明	浙江大学、浙江工业大学
计算机视觉	程明明	南开大学
深度学习基础	刘远超	哈尔滨工业大学
机器学习基础理论与应用	李宏亮	电子科技大学

新一代人工智能实践系列教材

教材名	作者	作者单位
人工智能基础	徐增林等	哈尔滨工业大学（深圳）、华为
机器学习	胡清华、杨柳、王旗龙等	天津大学、华为
深度学习技术基础与应用	吕建成、段磊等	四川大学、华为
计算机视觉理论与实践	刘家瑛	北京大学、华为
语音信息处理理论与实践	王龙标、党建武、于强	天津大学、华为
自然语言处理理论与实践	黄河燕、李洪政、史树敏	北京理工大学、华为
跨媒体移动应用理论与实践	张克俊	浙江大学、华为
人工智能芯片编译技术与实践	蒋力	上海交通大学、华为
智能驾驶技术与实践	黄宏成	上海交通大学、华为
智能之门：神经网络与深度学习入门（基于 Python 的实现）	胡晓武、秦婷婷、李超、邹欣	微软亚洲研究院
人工智能导论：案例与实践	朱强、毕然、吴飞	浙江大学、百度

深度学习技术基础与实践

Shendu Xuexi Jishu
ichu Yu Shijian

图书在版编目（CIP）数据

深度学习技术基础与实践 / 吕建成等主编 . -- 北京：
高等教育出版社，2023.1
ISBN 978-7-04-058595-7

Ⅰ. ①深… Ⅱ. ①吕… Ⅲ. ①机器学习–高等学校–
教材 Ⅳ. ①TP181

中国版本图书馆CIP数据核字(2022)第066515号

策划编辑　　刘　茜
责任编辑　　刘　茜
封面设计　　杨伟露
版式设计　　杨　树
责任绘图　　杨伟露
责任校对　　商红彦　吕红颖
责任印制　　刘思涵

出版发行　高等教育出版社
社址　北京市西城区德外大街4号
邮政编码　100120
购书热线　010-58581118
咨询电话　400-810-0598
网址
http://www.hep.edu.cn
http://www.hep.com.cn
网上订购
http://www.hepmall.com.cn
http://www.hepmall.com
http://www.hepmall.cn
印刷　中农印务有限公司
开本　787mm×1092mm　1/16
印张　16.25
字数　300千字
版次　2023年1月第1版
印次　2023年1月第1次印刷
定价　32.00元

本书如有缺页、倒页、脱页等
质量问题，请到所购图书销
售部门联系调换